开始 从现在

做好自己

陈万辉 编著

煤炭工业出版社
·北京·

图书在版编目（CIP）数据

从现在开始，做好自己/陈万辉编著．——北京：煤炭工业出版社，2019（2022.1 重印）
ISBN 978-7-5020-7342-8

Ⅰ.①从… Ⅱ.①陈… Ⅲ.①成功心理—通俗读物 Ⅳ.①B848.4-49

中国版本图书馆 CIP 数据核字（2019）第 054830 号

从现在开始，做好自己

编　　著	陈万辉
责任编辑	马明仁
编　　辑	郭浩亮
封面设计	浩　天
出版发行	煤炭工业出版社（北京市朝阳区芍药居 35 号　100029）
电　　话	010-84657898（总编室）　010-84657880（读者服务部）
网　　址	www.cciph.com.cn
印　　刷	三河市众誉天成印务有限公司
经　　销	全国新华书店
开　　本	880mm×1230mm $^1/_{32}$　印张　$7^1/_2$　字数　150 千字
版　　次	2019 年 7 月第 1 版　2022 年 1 月第 3 次印刷
社内编号	20180627　　　　　定价　38.80 元

版权所有　违者必究

本书如有缺页、倒页、脱页等质量问题，本社负责调换，电话：010-84657880

前 言

　　这个广袤的世界中，万事万物都需要成长，树苗需要成长，花儿需要成长，孩子需要成长，我们的心灵也同样需要成长。世界上最美好的事情莫过于成长。树苗成长了，变成了苍天大树，再不惧狂风暴雨，更为人们带来一片碧绿和清凉；花儿成长了，开出美丽的花朵，带给大自然一片芬芳；孩子成长了，挣脱父母的双手，打造出自己的一片天地；我们的心灵成长了，我们便可以找到真正的自己，释放出我们内心的所有能量，让生命的本质呈现，让受限的心灵放飞，让生命回归生命，让生命本身散发出独特而清幽的芳香。

　　数年前，我在从家乡开往北京的火车上认识了一个叫赵洋的人，那时他的身体非常弱，肺的一半已经被切除。他人生

的大部分时间都花在了那些被遗弃者身上。对于他来说，没有不能解决的问题，没有无法帮助的人。他是一个"心灵的拯救者"。很多彷徨、无助甚至堕落的人，都会在他的面前找回自我。他是囚徒的朋友，是死刑犯的最后寄托。他对那些酗酒的恶棍和各种几乎不可救药的人提供帮助。

我永远也不能忘记赵洋对他人心灵和自我心灵的拯救。无论我们所处的社会是多么的物质化，他都能用他博爱的心灵去感化人。他的这种博爱是空前的，这就是人类之爱在善良人心中的力量。赵洋说："心灵，是我们的精神花园，是我们成长的地方！心灵的成长，不是自动自发，而是我们每个人去主动追求的结果。让心灵成长，就要找到真正的自我，看清自己的灵魂，明白我们内心的真正渴望。这样，我们才能看清生活的真相，在生活中每一个人是真实所在，过得快乐。

正像李开复所描述的那样："不要做别人，要做自己。听从自己内心的召唤，寻找自己的理想目标，引领自己的一生。"

目 录

|第一章|
活在当下

过好生命中的每一天 / 3

活在当下 / 9

乐在当下 / 17

清理心理的负能量 / 25

生活的多重性 / 31

学会休息 / 36

让心灵随着音符跳动 / 43

做自己喜欢做的事 / 51

|第二章|

让心灵得到释放

让心灵得到释放 / 55

追求心灵的安适 / 59

使心灵忙里偷闲 / 62

以心灵书写人生 / 67

打开被囚禁的心灵 / 70

防止负能量的入侵 / 75

审视自我 / 80

宁境的心境 / 85

滋养心灵 / 90

开放你的心灵 / 97

目 录

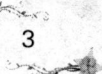

|第三章|

做最好的自己

自我价值 / 105

自己才能拯救自己 / 114

每个人的身体里都有一颗神奇的种子 / 121

对自己要求高些 / 125

你创造了自己的人生 / 130

找出你与别人的差距 / 137

知道你是谁 / 141

和自我对话 / 146

什么对自己最重要 / 149

听从自己内心的声音 / 154

踏实 / 161

挑战自己的极限 / 165

|第四章|

放飞心灵

心态决定命运 / 173

乐观 / 179

解除心灵的枷锁 / 185

读懂一个人的内心 / 193

平常心 / 197

清除内心的阴霾 / 202

一切取决于自己 / 208

知道自己想要什么 / 214

做自己思想的主人 / 218

相信自己 / 223

第一章 活在当下

第一章 活在当下

过好生命中的每一天

今天是我们人生中最重要的一天,也是我们唯一可以把握的一天,唯有在今天,我们才能完成我们的梦想,唯有在今天,我们才能超越自己。

生命的意义就是过好每一个今天。昨天已经过去,不管昨天多么美好,多么辉煌,也不管昨天多么令人沮丧,或是卑微,都已经在你的人生旅程中成为过去式,我们没有必要活在昨天的或悲或喜的情绪中而无法自拔!这样只会打乱自己今天的生活,为自己徒增烦恼!

曹操有诗云:"对酒当歌,人生几何?譬如朝露,去

日苦多！"人这一辈子是短暂而珍贵的，就像早晨的露水一样稍纵即逝，谁知道还有多少这样的时光呢？我们应该趁着这样的大好青春，在有限的生命之中，干一番轰轰烈烈的事业，不要辜负了这可贵的光阴！

简单地说，人这一辈子就是围绕三天在过："昨天、今天、明天"，昨天是历史，已经无法改变；明天变幻莫测，唯有今天，才是最实在的！

林清玄在《前世与今天》中曾经说："昨天的我是今天的我的前世，明天的我就是今天的我的来生。我们的前世已经来不及参加了，让他去吧！我们希望有什么样的来生，就把握今天吧！"

今天是昨天和明天的链接。生活中，很多人不懂得珍惜今天，总是将事情拖到明天。然而"明日复明日，明日何其多？"对每一个今天的浪费，造成的是一个人一生的遗憾！

有一个衣衫褴褛的流浪汉在街头漂泊，他幸运地遇到了时光老人。于是，他便向时光老人哭诉："我小的时候痴迷玻璃球，青年的时候痴迷纸牌，老年了又对麻将痴迷……到如今我把所有的家产家业都输光了。我后悔极了！"时光老人听了，试探性地问道："哦？是吗？假如我能够再给你

第一章　活在当下

一次青春……"流浪汉听了,"扑通"一声跪了下来,哀求道:"如果您能再给我一次青春,我发誓,我一定不会像以前那样荒废青春,我一定好好做人!"时光老人点点头,同意了。于是,流浪汉从一个老年人变成了一个背着书包的小学生。

去上学的路上,他看见前面有一群小伙伴们在玩玻璃球,忍耐不住,他也走进人群,加入到了他们的游戏中……于是,又是一次青春和每一个今天荒废的反复。老年的时候,他又变得一无所有,照旧成为了一名流浪汉。流落在街头,又遇到了时光老人,他再次请求时光老人能够再给他一次青春。时光老人听了不禁冷笑道:"给你再多次的青春,你也不会珍惜今天的。有什么意义呢?!"说毕,扬长而去。

时间是由每一个今天组成的,唯有珍惜每一个今天,不虚度,不浪费,我们的人生才能过得充实而有意义。

凯瑟琳·曼斯菲尔德是一个积极乐观、勇往直前的人,即使是在悲剧降临的时候,她也决不怨天尤人,仍然乐观地去迎接挑战。

她写了许多具有俄罗斯风格的神话佳作,有些作品仍在

广为传颂。其中有篇文章叫《疾风知劲草》，读完之后，我的心中充满了一种奇特而狂热的渴望。

有些人最喜欢她的语言，读后让人感到时而美不胜收，时而哀婉而凄楚，时而又意气风发。她告诉我们如何在生活中遇到大的挫折时，仍然笃信最美妙的事情就要来临。

她提出了一个问题——生命的意义是什么？回答是，当然为了生活。那么什么时候开始生活呢？现在就开始生活，还是永远也等不到生活！我们浪费时间去为生活做准备，这毫无意义。生命也许在我们没有任何思想准备的情况下便突然终结。

但是，首先我们必须提问，并回答这样一个问题：我们生活的理想模式是什么样子？一旦我们做出决定，我们就必须为这个选择而尽心尽力，自由自在，高高兴兴地生活。

"人们为什么不活得更自由，眼光放得更远些呢！他们有时候会像井底之蛙一样沾沾自喜。其实，他们本应该早过上比现在好得多的生活。但是，他们却更喜欢这种束之高阁的生活，它享受不到阳光的普照和劲风的疾吹。"

她说："哦，我希望过一种愉快的生活！有一种舒适愉悦的充实感觉。如果生活中缺少了这东西，那就不能称作生

第一章　活在当下

活。但是，生活就是这样！我们有上天翱翔的翅膀，我们不应该将其藏在身子底下。我最喜欢的就是勇往直前、锐意进取和自信十足。"

她的生活简约辉煌，充满了力量、激情和愉悦；我看了她一眼，看到的是她那充满想象力和充满欢愉的面庞。

她不会推迟享受生活，她知道自己身患绝症，剩下的时间不多了。其实，留给我们的时间也不多了，但是我们会经常浪费时间，似乎过了今天还有明天、后天……

我们为什么不去开心地享受生活呢？无论我们从哪天开始，如果今天的生活一无所获，我们还会指望明天出现奇迹吗？

记住，我们是生活在今天的，不要让昨天和明天将今天侵占和淹没，失去了今天，你将会一无所有！因为我们全部价值和理想都是在今天实现的。

当然，昨天是无法掩盖，也无法消灭的，无论你的昨天多么辉煌，或是多么让人感到屈辱；明天也无法逃避，不论明天会发生什么。但昨天已成历史，已然成回忆，如果变成一味地炫耀或抱怨，生命也将自此停止不前了；明天应该是梦想，是期盼，如果变成了一味地忧虑，今天就被明天侵占了！那今天呢？你在今天能做的事情，已然没有了停留的空

隙和空间！

　　简单说来，人的一生只有三天——昨天，今天，明天，将昨天成功的经验或是失败的教训吸收在心间，将明天的期盼和梦想亦放在心里，那么今天就是一份美好的时光，不再犯昨天的错误，不会心中空空，没有奋斗的目标，今天是充实的，完满的一天，是昨天和明天最完美的连接点！

第一章　活在当下

活在当下

　　《宝积经》云："不分别过去，不执着未来，不戏论现在。安住当下，乐住当下。"意思是说，我们的生命就在当下这一时刻。在纷繁忙碌的现代社会，对芸芸众生来说，当下大部分人拥有的都是一份平常的生活，因此我们应该在这样平常生活的每一刻训练自己，让自己真正投入到生活中，真正地活在当下。

　　活在当下，就是说我们要把关注的焦点全部集中在当下的这些人、事、物上面，全心全意地认真地去悦纳、品味、投入和体验当下的这一切。

活在当下，就是不被过去的种种事情感到遗憾，感觉困惑，不被未来的种种事情感到焦虑、担心，也不被当前的欲望、嫉妒与愤恨等所控制和挟持，从而能够真正地把握自我。

一个人，唯有活在当下，才能让生活精彩，才能让生命呈现最完美的状态。活在过去，活在未来，都会让我们失去宝贵的当下。发生的事情已经发生了，我们如何懊悔也已经无法改变什么了，而未来则充满着太多的不确定性，我们更是无从把握。当然，未来的梦想需要我们去规划，去畅想，但是如果我们只是醉心于虚幻的未来，而忘记了享受现在，那么与黄粱美梦又有什么区别呢？我们能够做的，能够做好的就是把握现在，专心地享受现在，真诚地活在当下的每分每秒！与其去懊悔"我本来可以过上更美好的生活""我本来可以拥有一段美好的婚姻""如果当时我勇敢一些，现在就不会这么落魄了""未来我一定要拥有豪华的房子，漂亮的车子"，还不如静下心来，想想自己当下应该如何做。因为只有当下的这一刻才是我们自己真正能够把握的！

佛学大僧圣严法师说："'活在当下'：并非不回忆过去，预计未来，而是专注于过程，一个过程只干好一件事情。回忆就专心回忆，展望就专心展望，念经就专心念经，

第一章　活在当下

劳动就专心劳动，吃饭就专心吃饭，食不语。故而僧家在种麦子、插秧之中都能悟出禅意。"

有一位善于解决人生困境的老师，身边聚集了许多慕名而来的弟子。

这些追随的弟子，每次有什么疑问来问老师，老师总是说："要活在当下呀！"

但是，"活在当下"是多么简单的答案，无法满足弟子的要求，他们总是恳求老师给一个更深奥和更详尽的解答。

这时候，老师就会面有难色地说："好吧！既然如此，等我查一查古代的圣贤是怎么说的，明天再告诉你，对于这么深奥的问题，他们一定有很好的答案呀！"

原来，老师有一本大书，记载了古代圣贤最重要的智能，锁在书房最高的柜子里，由于这本书是如此珍贵，他严禁任何弟子靠近。

第二天，等老师翻过那本大书，弟子就会得到一个充满智能的答案。

可是，结果有了新的问题。

老师又说："要活在当下呀！"

弟子不满意的时候，老师会再一次翻阅大书，说出一个充满智能的解答。

这样一而再，再而三，一年一年地过去，日子久了，弟子开始对老师起了质疑："老师只懂得一句'活在当下'，这是任何人都知道的事呀！不像古圣先贤，真的充满了智能。"

一个弟子说："老师自己并没有什么智能，他只知道'活在当下'！"

另一个弟子说："老师的智能和我们没有什么差别，差别在于他有一册圣贤的书，如果拥有那本书，我们自己就可以当老师了。"

还有一个弟子说："这个老师真的太差劲了，我们是来自各地的精英，谁不知道活在当下呢？这句话也轮得到他来说吗？我们想学的是古代圣贤的言论和思想呀！"

在背后议论老师久了，许多弟子都生起了这样的想法："等到老师死了，我只要抢到那本圣贤书，就可以做老师的继承人，收很多的弟子，靠为别人解决生命的困境维生。"

老师渐渐老了，终于要告别人间了，他并没有指定任何

第一章 活在当下

的继承人,也没有把圣贤书交给任何的弟子,他只说了一句遗言:"要活在当下呀!"就咽下了最后一口气。

老师死了,弟子不但没有哀伤,反而一拥而上,冲上书房,争夺那锁在最高柜子里的圣贤之书,甚至因为抢夺太激烈,把书柜都砸碎了。

他们把那本大书撕成好多残篇,才发现那本书根本是空白的,一个字也没有。

只有书的封面有老师的笔迹,写了四个大字"活在当下。"

多么发人深省的故事!老师以身说法教导学生们活在当下的道理,然而学生们并没有真正明白和理解,更不用说身体力行,因此,使得生命虚度。

人的一生是短暂的,我们要做的不是回忆过去,陶醉未来,而是应活在实实在在的当下。

《沉思录》中也有这样一段美妙的语言:"虽然你打算活三千年,活数万年,但还是要记住:任何人失去的不是什么别的生活,而只是他现在所过的生活;任何人所过的也不是什么别的生活,而只是他现在失去的生活。最长和最短的生命就如此成为同一。"

那么，我们该如何活在当下呢？

第一，停下你焦急的脚步，用心体味生活的每一个细节，动用你的所有感官去体验，体验当下的场景、颜色、味道。

第二，全神贯注地投入在当下的事情上，不管你在做什么，或是说什么。台湾作家晓风说过："在历史的舞台上，美人自有她的一笑倾国，英雄也自有他的引箭穿石。他们都有各自的脚本，各自的命运；而我们却站在此刻的舞台上，在灯光打出的区域内，努力地扮演着我们的角色，小心翼翼生怕有分毫之差。我们的人生就是一场正在上演的舞台剧，容不得你重演一次，你必须在当下演好。"

美国畅销书作家芭芭拉·安吉丽思说："昨日已成历史；明日还未可知，此刻是上天的赐予，所以我们称它作'现在'。真是刹那只出现在你有意识地全神贯注于身所处、手所做和心所感的时候。而唯有全神贯注于那一时刻，你方能得到那一时刻所带来的赐予、启示或喜悦。"

生活有欢乐有忧愁，然而，只要我们全心全意地安住在当下的这一刻，那么我们所体验的就是有意义的真实的瞬间！

第三，不为过去的事情懊恼或是得意。过去的事情不管是让我们懊悔的，还是让我们风光得意的，都已经过去，都

第一章　活在当下

已经成为历史,一个人不应该过分地沉浸在过去,重要的是活在当下,把握现在。

第四,未来充满着很多不确定性,不用为未来担忧或是焦虑。生活中,很多人成天提心吊胆地生活着,成天胡思乱想,患得患失:"老公要是有外遇了怎么办？""我的孩子将来考不上大学怎么办？""哪天我要是得了重病怎么办？"所有这些忧虑、担心,真的是一点儿用处都没有,不仅无法解决现实的问题,更让自己失去了行动的动力。

生活中常常有这样的现象:一个得了癌症的病人问得最多的问题就是:"大夫,我还能活多久？"然而,这种担心和害怕更加加重了他们的病情,令他们身心俱疲。而如果对自己的病情毫无畏惧,只专注于当下的治疗,病情常常会得到好转,甚至发生生命的奇迹！

第五,用欣赏的眼光看待生活,看待一切,你会得到欣赏的回报。

雅奈兹·德尔诺夫舍克说:"专心想一想当下活着的这一刻,在这一刻没有悲伤。回忆过去才有悲伤,而设想未来则引发恐惧。如果我们只活在当下,就不会有悲哀和恐惧的空间。重要的是活在当下,其余的都是我们加诸自己的负

担。我们忘了好好活着，忘了当下的这一刻。反而去想过去的事物，盘算将来会发生什么，却让当下这一刻悄然流逝。这样我们不算真正地活着，只是在受苦，因为我们对明天保持恐惧，对过去感到自责。"

侯英华说："生活在当下才会幸福，因为过去、未来、远处，都是不可触摸的，只有这里、此时，才是自己真正拥有和把握的。眼前的一切开始显得可爱起来，包括晴得响当当的天！"

让我们全心全意地活在当下，安住当下吧！活在当下是我们享受美好人生的唯一所在！

第一章　活在当下

乐在当下

　　世界著名的越南禅学大师一行禅师在他的著作《一步一莲华》中这样写道："生命的意义只能从当下去寻找。逝者已矣，来者不可追，如果我们不追求当下，就永远探触不到生命的脉动！"

　　多么启人心智的话语！

　　如果你不懂得珍视自己当前的一切和当下的自己，无法从中获得更多的快乐，那么，即便在将来的某一天，你拥有了更多，你也不会快乐！因为快乐只存于当下，我们应该乐在当下，在每一个当下获得快乐！

台湾著名作家林清玄曾经说过:"快乐地活在当下!

关于快乐地活在当下,林先生曾经在他的文集中记录过这样一件事情:

报社的记者来访问,突然问:"林先生有什么座右铭呢?"

林先生的座右铭,通常用3M的便条纸写一些当日的注意事项,于是撕下几张来给记者看:"出去时,别忘了买苜蓿芽。"

"欠讲义的稿件,今日写。"

"缴房屋贷款。"

"帮亮言买毛笔。"

林先生说:"你看,我有这么多的座右铭。"

记者笑起来:"林先生真爱开玩笑,我是说真正的座右铭。"

"什么是真正的座右铭呢?"

"就是刻在心里,时时用来规范和激励自己的一句话。"

这倒使林先生陷入困境了,因为他自己觉得并没有一个真正的座右铭,如今勉强说有,就是他时常拿来实践的一句话:"快乐地活在当下。"

林先生把"活在当下"加了"快乐地活在当下",是除

第一章　活在当下

了承担之外，希望有期许、有愿望、有好的心情，不只坦然和自然，还希望能扭转此时此刻的生活，使自己永葆喜悦之心。

林先生说这是他的座右铭。因此欠的稿件，要欢喜地写；缴房屋贷款，要欣然地缴；首蓿芽和毛笔，都要高兴地去买。

林先生的桌边依然贴着许多条子，只有"快乐地活在当下"不用张贴在某个地方，因为他已经牢记于心，那正是林先生对生命的态度。

如果每个人都能如林先生一样，将"快乐地活在当下"视为生活的态度，那么世上便会少了多少遗憾，成就多少不得志之人啊！

过去不可得，过去的永远过去了，不管成功还是失败，都已经永远成为历史，我们不可能让历史重来！未来不知道是什么样子，我们无法掌控，我们只能活在当下，把握每一个当下，让当下过得富足，快乐！

生活中人们总是更多地将自己的思想停留在过去和未来，很少有人让自己驻足于当下，于是，人们像走钢丝一样感觉到钢丝前后的空荡和危险，一旦掉进那"过去"和"未来"

的两端，生活也将变得迷茫、混沌，变得不再充满快乐！

乐在当下，是一种全身心投入生活的最好方式，他让我们始终与自己的人生同步，不必在意过去的胆小、自卑，一无所成，也不必去担忧未来的诸多坎坷和困难，将自己的所有能量都聚集在当下的这一刻，全心全意地认真地去悦纳、品味、投入和体验当下的人、事、物，快乐地、认真地做好当下的每一件事情，没有对过往的烦忧，没有对未来不确定的恐惧，那么生命终结的时候，我们将会发现，我们的人生过得多么精彩、富足，而充满快乐！

乐在当下，将每一个今天视作崭新的开始，用快乐的心境去迎接当下的每一个人和物！

一行禅师说："当我们提起正念喝茶的时候，我们就是在练习回归当下，以便活在此时此地。当我们的身心完全安住当下时，热气腾腾的茶杯便会清晰地显现在我们面前，我们知道，这是一种美妙的存在。这时我们便真正地与这杯茶沟通了。只有在这种情形下，生命才真正地显现。这正是：茶杯在手中，正念直提起，吾心与吾身，安住此时地！"

一个美国商人曾经在墨西哥海边一个小渔村的码头上，看到一个墨西哥渔夫的小船上，有好几条大黄鳍鲔鱼，显

第一章 活在当下

然，这是渔夫抓来的。这个美国商人对这个渔夫能抓这么高档的鱼恭维了一番，并且问要多少时间才能抓这么多？渔夫说，不一会儿工夫就抓到了。美国商人再问："那你为什么不再多抓一会儿？这样你就能抓更多的鱼。"渔夫觉得很不以为然："这些鱼已经足够我一家人生活所需啦！"美国商人又问："那么你一天剩下来的时间都在干什么？不是很无聊吗？"渔夫很惊讶："不会啊，我呀，每天都会睡到自然醒，然后出海抓几条鱼，回来就跟孩子们玩耍，中午就跟老婆睡个午觉，到了晚上就到村子里喝点小酒，跟朋友们玩玩吉他，唱唱歌，跳跳舞，怎么会无聊呢。我的日子过得充实又忙碌呢！"

这时，美国商人却不以为然了，并给这个渔夫出了一个主意说："我是美国哈佛大学企管硕士，我想我可以帮你的忙！你每天应该多花一些时间去抓鱼，你就会有更多的收入了。而到时候你就会有足够的钱去买艘大一点儿的船，这样你自然就可以抓更多鱼，然后再买更多渔船，到最后你肯定能拥有一个渔船队。到那时候你就不必把鱼卖给鱼贩子

了，而是直接卖给加工厂，这样你就能挣更多的钱去开一家罐头工厂。并且你还可以到墨西哥城，或者洛杉矶，甚至纽约，在那里扩充企业。"渔夫笑了笑问："这又花多少时间呢？"美国商人回答："15年到20年。""然后呢？"美国商人大笑着说："然后你就可以在家享福啦！你可以搬到海边的小渔村去住，每天睡到自然醒，出海随便抓几条鱼，跟孩子们玩一玩，再跟老婆睡个午觉，黄昏时到村子里喝点小酒，跟朋友们玩玩吉他！"墨西哥渔夫疑惑地说："我现在不就是这样子吗？"

多么简单却耐人寻味的一句话："我现在不就是这样子吗？"其实，只要我们懂得享受生活的乐趣，把握住当下的每一个时刻，我们就是快乐的。

一行禅师曾经说过："佛陀教导我们，不应当追念过去，因为过去已不复存在。若迷失于对过去的思忆当中，我们就失去了现在。生命只存在于当下。失去了当下就是失去了生命。我们必须告别过去，以便我们可以回归当下。回归当下就是同生命相接。"

我们的人生就一本精彩的小说，里面写满了多彩的故

第一章　活在当下

事。生活中的小说，遇到不合胃口的片段，我们可以跳过，我们甚至可以先去看一下小说的结尾是如何的！但是人生这本小说，我们却只能按照顺序一页一页来读。我们也只有把握当下的每一个时刻，才能更好地享受我们的整个人生！

乐在当下就是快乐地享受当下的每一刻。

一个人问佛祖释迦牟尼："您常常教我们活在当下，那究竟怎么做才算活在当下呢？"

佛祖说："吃饭就是吃饭，睡觉就是睡觉，如此而已。"

看似最简单不过的话语中却蕴含了深刻的道理！试问，世上有几人能够做到吃饭就是吃饭，睡觉就是睡觉呢？

很多人在利害得失中穿梭，囿于浮华的宠辱，吃饭的时候还总是想着别的事情，不专心吃饭，全然淡化了饭菜的美味；睡觉的时候也胡思乱想，总是做梦，睡不安稳，白天发生的很多不愉快的让自己无法释怀的事总是在梦里还不断侵扰着自己的思绪……

做一个乐在当下的人吧，要抛开一切的羁绊与烦恼，让过去属于过去，让未来就在未来，我们要做的就是活在当下，用心感受当下，专注于当下的每一刻，这样我们才能找

到人生的真谛！

现实中很多人唯有在死亡线上挣扎过一次才明白活在当下，乐在当下的重要！否则他们每天总是杞人忧天地一遍又一遍设计自己的未来，要不就沉浸在过去的痛苦中，或是挣扎在与他人的对立中，无法真正抽身而出享受当下的每一刻！为什么非要如此才能彻悟呢！当你看到这本书，这个故事的时候，希望会有所改变！

生命无常！生命中任何事情，只会在当下的那一刻发生一次，绝不会有相同的第二次。把握每一个当下才是最重要的！把握好当下的人和事，人生才不会留有遗憾，才会过得快乐而富足！

当下，是让你深深潜入生命之水，开启自己潜力的翅膀飞翔的大好时机，是让你把握当下每个人、每一件事情的最好机会，当下才是最真实的！每个人都应该活在当下，而且快乐地活在当下！

第一章　活在当下

清理心理的负能量

　　杨芮说:"每天的起心动念、喜怒哀乐、寝食起居都需要'消耗'能量。人的体能如同蓄水池,一味无节制地放水就会濒临枯竭。当旱情、火情爆发,你的水池就只能是个摆设。生活的良态应是温润有度、从容自律的过程,太多心事、烦事、杂事堆放心房,只会惹来更多灰尘污垢。打扫生活从打扫内心开始。"

　　每天我们都要清理生活中的垃圾,环卫工人们会把这些垃圾分类处理,要么被重新利用,要么进行无公害处理,总之,这些垃圾都被清理掉了。

其实我们的心灵也是一样的，每天生活在如此丰富多彩，五光十色的世界中，不免要遇到许多让人沮丧，令人颓废的事情，时间久了，就会在我们的心灵深处埋下不良的种子，一旦让这些种子生根、发芽，就会把我们的精神世界带向消极、堕落的一面。就好比一台计算机，用的时间长了就会积累下很多的污垢，如果不及时清理，就会影响计算机的运行，甚至让整台机器罢工。所以，我们不光要保持生活环境的整洁，还要时常监视一下我们的心灵，把那些不健康、消极、颓废的垃圾及时的清洁掉。

佛祖释迦牟尼为了证悟而放弃了自己荣华富贵的生活，独自苦修，一天，他来到一棵菩提树下，在一块平坦的石头上，铺上吉祥草，盘坐其上，发誓说："我今若不证，无上大菩提，宁可碎此身，终不起此座。"魔王罗摩听说这个消息后，非常担心，于是派出了五个容貌绝色的女子去诱惑他，但是当这些女子到达释迦牟尼身边的时候，她们的容貌不再美丽，身体变得干枯，释迦牟尼却丝毫未动，罗摩知道后非常生气，调动千军万马来攻击释迦牟尼，但是所有的武器到达他面前的时候都化作一阵烟雨，最后罗摩亲自来规劝

第一章　活在当下

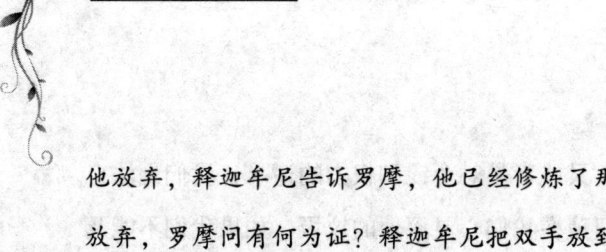

他放弃，释迦牟尼告诉罗摩，他已经修炼了那么久，不可能放弃，罗摩问有何为证？释迦牟尼把双手放到大地上，大地开始颤抖，罗摩消失得无影无踪。最后释迦牟尼终得解脱，化身成佛。

这个故事看起来似乎有些荒诞，我们不妨先回到现实中，每当我们要下定决心做一件事情，比如，我要努力成为一名成功人士，或者我们要坚持不懈地去实现我们的梦想，这些决定都是积极向上的，但是这些决定却没有让我们的生活真正得到改变，或许开始的时候我们还非常谨慎，但是时间一长，生活又恢复到原来的状态了，这是为什么呢？

其实，我们每个人心中都有自己的罗摩，还可能有很多，正是这些罗摩的存在让我们无法把精力完全集中到我们想做的事情上，在罗摩的各种手段下我们投降了，放弃了自己的理想，放弃了自己的原则，这些罗摩都是我们心灵中的垃圾，开始的时候垃圾并不是很多，但我们却没有及时的清理干净，任其发展，最终成为了强大的罗摩！

我们或许没有佛祖如此高的追求和境界，也没有罗摩如此强大的敌人，但是垃圾肯定是有的，比如曾经受到过的伤害，至今无法摆脱伤痛，或者某种恶习让我们难以启齿，不

断地承受折磨，又或者是对金钱和权力的追求让我们无法自拔。这些都是埋藏在我们心灵深处的垃圾，如果我们不能及时的把这些垃圾清理掉，那我们心灵的系统就无法正常地运转，甚至存在崩溃的可能。

在北京市海淀区的看守所里关押着一名少年，曾经的他学习成绩很好，但后来由于父母的离异，疏于管教，这名少年就开始接触到了学校外的很多东西，从开始上网玩游戏，到歌厅、酒吧、舞厅去鬼混，最后发展到跟社会上的不良少年在一起厮混，最终因为没有钱玩乐而走上了抢劫犯罪的道路。

游戏、歌厅、酒吧，这些对于一个还在成长发育期的少年来说都是垃圾，但是年少的他却无法深刻的理解其中的危害，如果在萌芽状态能够积极的把这些垃圾清理掉的话，就不会有后来的悲剧发生。

作为成年人的我们，已经有足够的智力和经验来分辨内心中的垃圾了，但是我们有没有真正的把这些垃圾清理掉呢？曾几何时，是否有羡慕过别人的豪华公寓和名车名表呢？是否嫉妒过别人的老公有钱有势，别人的老婆温柔美丽呢？是否在困难面前低下高贵的头，而自甘平庸呢？是否在

第一章　活在当下

所谓的成功人士面前不敢抬头讲话呢？所有的这些感受都是我们心中的垃圾，它们在阻碍我们前进的脚步，让我们迷失其中。

作为一个普通的人，每个人内心或多或少的都有一些垃圾存在，这并不可怕，也不是不可战胜的，只要我们现在还拥有自由之身，就能证明我们的内心并没有什么罗摩可以使我们万劫不复，现在的问题是我们该如何发现它们，并把它们请出我们的内心，让我们的心态恢复到积极、乐观、进取的状态。

我们要做的就是要经常自省，问一问自己的内心有没有什么让我们变得消极怠慢，好比去医院做身体检查一样，再怎么健康的人也要定期去医院做身体检查，因为有些问题不能等到它发作时才去解决，要尽可能的把问题消灭在萌芽状态，自省就是一个关键的步骤。

当我们发现内心存在诸如嫉妒、羡慕、焦虑、恐惧、贪婪、傲慢、自卑等等一切负面情绪的时候，就可以断定垃圾的存在，嫉妒、贪婪发展到一定程度就会让我们失去理性的控制，干出傻事，自卑到一定程度就会让我们失去信心，甚至对生活失去希望。那我们又该如何去清理这些垃圾呢？

任何一种垃圾情绪的存在都是有其原因的，我们要以平静的心态去分析这些垃圾产生的原因，当我们找到背后的原因时，就要勇敢地面对它。比如北京的那名少年，如果当时他能知道自己之所以接受了那么多垃圾的原因是因为自己的行为太过自由，疏于管教的话，那么他就可以去找自己的父母，让他们重新肩负起监护人的责任，或者把自己的内心寄托在老师或其他值得信任的人身上，但是这个过程需要极大的勇气和毅力。

　　勇气和毅力就是清理内心垃圾的不二法宝！

　　心灵和现实不一样的地方在于一个是可变的，一个是不可变的，现实中的垃圾有多少是多少，多就是多，少就是少，但是心灵的空间是无限大的，甚至比无边无际的宇宙还要大，如果你有足够的勇气和毅力，再大再多的垃圾也能轻而易举的被扫除。反之，如果你的内心不够强大，再小再少的垃圾也会成为你内心的罗摩！

　　人的潜力是无穷的，鼓起勇气，拿出毅力，垃圾将不再是垃圾！

第一章 活在当下

生活的多重性

奥雷柳斯说:"如果你对周转的任何事物感到不舒服,那是你的感受所造成的,并非事物本身如此。借着感受的调整,可在任何时刻都振奋起来。"

我们生活在一个缤纷的世界里,面对着不同的人和事,无论你是贫是富,是贵是贱,是高是矮,是男是女,只要你生存在这个世界上,就会有喜怒哀乐,悲欢离合,这就是生活!著名的散文作者林清玄在他的一篇文章中有过这样一段描述:有一天在吃早餐的时候,我想到:同样吃着早餐的

人，却有着完全不同的下午。诗人吃了食物，化成诗，感觉世界。画家吃了食物，变成画，美化人生。相爱的人吃了食物，更充满了爱。仇恨的人吃了食物，全化为仇恨。我们吃的食物可能是大同小异，但是我们却有完全不同的心，导致完全不同的人生。因为人是如此的不同，所以这世界没有终极完美的人，在不完美的人眼中，不可能看见完美的人或完美的世界。每一个人都是一面镜子，照出我们内心的感受；每一件事物都是一面镜子，照出我们对事物的渴求；每一天都是一面镜子，照出我们人生一段重要的过程。镜子如果不够明亮，就照不出莲花美丽的模样。寻找完美的人，不如擦亮自己的镜子。在镜子擦亮的时候就会看见，这世界，早就如此深刻、如此完美、如此全然了。没错，正所谓"横看成岭侧成峰，远近高低各不同。"我们每个人对生活都有自己的态度，但在不同的人眼里却又有不同的结论，其实，生活还是那个生活，真实地呈现在那里，只是我们每个人看它的角度不一样，这就是生活的多重性。对待生活的不同态度，决定了未来生活的结果。中国是一个文明古国，讲究传统，讲究规矩，讲究礼仪，讲究尊师重道，前人的宝贵经验让我们受益良多，却也阻碍了我们思维的拓展，不同的人对同样

第一章　活在当下

的事情往往会得出同样的结论，如果这个结论不合时宜，我们就缺少了纠错的能力，说到底，就是对问题的认识不够全面，思维过于僵化。比如一个孩子问道："宇宙是不是和我的足球一样大？"父母便会和蔼可亲地教育道，"宇宙是无边无际的，怎么可能跟足球一样大呢！"或许父母的结论是正确的，但是却在无形之中扼杀了孩子的创造力和全面认识问题的能力。在这一点上我们会想到犹太人的思维方式，敢于挑战一切，从不相信权威，把现实中的一切当作不合理来看待，然后重新思考，最大限度地发挥出人的潜能。

　　从前有个人家里有一头驴，正常的情况下这头驴的价格是一千元，但是，现在这头驴病了，最多也就能卖六百元，于是这头驴的主人垂头丧气地把驴子迁到集市上去卖，一番讨价还价之后，最终卖了四百元。驴的主人盘算了一下，觉得也还不错，没准这头驴明天就死掉了呢？这是典型的中国人的思维方式，如果换做是一个犹太人，他肯定就不会用这种平铺直叙的方式来处理这个问题，他会把这头价值六百元的驴子标价零元，免费赠送，但是并不是谁都可以成为这个幸运儿，想要得到它必须抽签决定，抽一次两元，假设只有

五百人参与，那么最后的收入也是一千元，和一头健康的驴子的价格是一样的，一千元对于犹太人来说，可能还满足不了。这是犹太人的思维方式。同样的问题，不同的结果，原因就是我们看问题的角度不同，如果我们总是墨守陈规，那么我们的未来就无法真正地掌握在自己手里。我们的生活环境都不尽相同，这一刻，你或许正在享受阳光沙滩里的天伦之乐，又或许正在为自己的下一顿午餐而愁眉不展，不管是什么原因决定了你现在的生活状态，你是否觉得现在的你会永远快乐，或是永远痛苦呢？

成功和失败都不是结束，只要生活还在继续，一切皆有可能。不要总看到生活残忍的一面，也不要过于盲目乐观，生活就像一个舞台，它所承载的不只是喜剧和悲剧，酸甜苦辣咸都是生活的一部分！在看待问题的角度和视野方面，中国人和美国人就有着不同的理解。

有一位留学美国的中国学生和朋友谈起自己对这个问题的认识。在中国的时候，由于小学成绩优秀，顺利地考上了县城的中学。但是他发现优秀的学生很多，面临的竞争更大，自己已经不能稳拿第一，于是产生了嫉妒，认为自己不

第一章　活在当下

能考第一的原因是同学的铅笔比自己的好，而自己却买不起，天道不公啊！经过几年的努力后，他终于成为了县中学的第一名。但是新的不满又产生了，为什么其他人的钢笔比我好呢？中学毕业后，他顺利地考上了北京的某所大学，可好景不长，他的学习成绩连中等也保不住。于是他又找到了成绩不好的原因，城里的同学是好铅笔成堆，好钢笔成把，早上蛋糕牛奶，晚上香茶水果，想想自己，早上一个窝头还舍不得吃完，还要给晚上留一半，生活为什么会有这么大的差别呢？人和人之间为什么会有不平等呢？大学毕业后，他留学到美国，当他亲眼看到了五光十色的西方世界，所有的嫉妒、自卑、怨恨都忽然一扫而光了。因为美国是最发达的国家，美国人的眼里只有世界，当一个人把自己的眼光放眼到全世界的时候，别人手中的铅笔、钢笔、牛奶、面包真的是那么微不足道！用自己的理性来看待生活，把自己的眼光放得足够长远，不要拘泥于一个角度，一个层面，生活就会给予我们更多的回报！

从现在开始，做好自己

学会休息

当前中国正处在一个快速发展的阶段，竞争也日趋激烈。对大部分人来说，一面是工作和事业，另一面是生活和娱乐，如何选择？于是，很多人选择了前者，放弃了后者。然而，我们需要清楚地知道，休息是为了更好地工作，只有休息好，我们才有精力发展我们的事业，实现我们的梦想！只工作却不休息的人，很难到达成功的顶峰。

毋庸置疑，任何伟大的成就都离不开个人不懈地拼搏和努力，那些沉迷于游玩的人最后常常是两手空空。

在这里，我想向大家说明的是，一个人的成功，必定是

第一章　活在当下

在努力工作和放松休息之间做出了很好的平衡。

工作是为了什么？是为了更好地实现我们个人的价值，更好地享受生活！那些只知道学习和工作的人，充其量只是一个书呆子，工作狂，而无法体会任何学习和工作以外的乐趣。如果因为工作而搞垮了身体，那么我们也就失去了工作的本来意义。

辛苦工作后的适度休息，是对身心的一种调节，有利于恢复我们体力、精力、精神，使我们在下一阶段更好地投入工作，有更好的精神状态来迎接工作的挑战。正所谓身体是革命的本钱。生活中，一台机器运转久了，需要添加润滑油，需要轮流运转与停歇，否则很容易报废。人也是一样的，劳逸结合，才是最好的生存状态。

所以，当你的头脑已经不再清醒，当你的眼皮已经在上下打架，当你的工作变得棘手而无法想出解决方案的时候，不要继续做无用功了，站起来，休息一会儿，到外面走一走，哼一首小曲，给自己紧张的神经带来一份小小的放松。

那些有着伟大成就之人，毋庸置疑，他们对工作对自己的事业有着严谨的态度，有着一丝不苟的精神，但是，与此同时，他们也是懂得休息之人。一个人若是如弹簧般一直工

作工作，向前拉伸，而不知道休息，不知收缩，弹簧最终也会报废！因为弹簧也是有自己的伸展限度的！

学会快乐工作，快乐生活，不要让工作成为我们身体的负担。在工作之余学会休息，快乐工作和愉悦生活是我们人生的追求。

在当今中国引发社会关注和白领群体性恐慌的"过劳死"一次又一次地发生：华为工程师胡新宇死亡事件；中金25岁研究助理猝死事件；普华永道25岁女硕士过劳死等等，从这些让人痛惜的事件背后，我们应该懂得，在紧张的工作面前，要学会休息，学会给自己疲惫的身体一个舒展的时间。

除了工作，生活中很多人也总是让那些琐碎而不重要的东西占满自己的时间，让本来就很紧张的生活变得更加让人急躁，让人头疼，让人变得不快乐！

我们总是在想，等事业有所成就的时候，我们再好好出去玩一回；等孩子大一点的时候，再去学习驾照；等手里再富裕一些的时候，再把父母接来玩玩……

时间，一天天地过去了，我们在慢慢变老，属于我们的日子越来越少，而我们曾经许下的愿望却越来越多，我们真的还有那么多时间完成这些心愿吗？

第一章 活在当下

多听听自己内心的声音，追随内心的意愿来生活，不要老是说等到以后，我们没有那么多的以后，以后发生什么还未可知，我们需要把握的是现在，是当下的每分每秒。

所以，从现在开始，从此刻开始，学会享受生活，放松自己一直以来紧张的神经，让自己像拼命工作那样能够有充分休息的时间。在这样的时刻，我们可以尽情地做我们喜欢做的事情！

泰戈尔曾经说过："休息是为了更好地工作，就像眼睑对眼睛起到保护作用一样。"

休息不一定是在家里蒙上被子，睡大觉，很多休息的方式对我们的身心调节都非常有益。

第一，清理生活环境和工作环境。混乱的环境会给人造成失控的感觉，让人心情烦躁，工作累了的间隙，可以小小地清理一下自己的办公桌，或是周末在家来一次大扫除，让我们的工作和生活环境井然有序，这样能够很好地调节我们的心情，帮助我们远离压力的困扰。我们还可以在清扫的时候，放上一些欢乐、奔放的音乐，这样的放松方式岂不是一种享受？

第二，进行科学健身。一是多进行一些有氧运动，有氧

运动能够使我们的身体运转更加顺畅，如跑步、打球、打拳、骑车、爬山等；二是腹式呼吸，全身放松后深呼吸，鼓足腹部，憋一会儿再慢慢呼出；三是做保健操；四是点穴按摩。

第三，远离忧虑。如果感觉自己心理疲劳，过于担心一件事情，试着去找出事情的原因，求得解脱。如果无法摆脱内心的忧虑，试着把它写下来，认真分析下这件事情发生的可能性有多大。有研究发现，我们所担心的事有90%都不会发生。

第四，偶尔给自己放天假。去一个自己心仪已久的地方，看看山，看看水，吃吃农家饭，在风景宜人的小路上悠哉一番。假设没有这样的条件，你也可以在你所在的城市选择一条你从未走过的街道，把它走完，相信在这一路上，你会发现很多以前你没有发现的东西。或许，你会聆听到早晨雨珠的滚动声，看到天空中飞舞的美丽的蝴蝶，听到孩子们玩耍的天真的欢闹声……一切的一切都那么温馨，而以前，在忙碌的工作时间，你或许从未在意也从没体验过这样的暖意。

第五，拿出你买了好久的漫画书，坐在窗前，在暖暖的阳光下翻上一番，体验一下童真的乐趣。

第六，放上一段你喜欢的音乐，音乐可以有效调节我们的情绪，很容易使人产生共鸣，就像拉尔夫·瓦尔多·爱默

第一章　活在当下

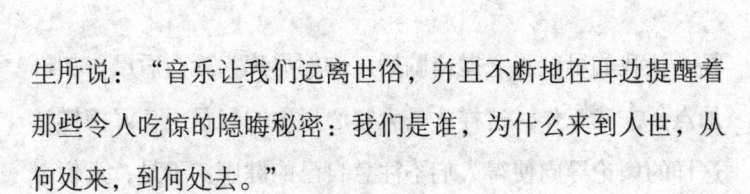

生所说："音乐让我们远离世俗，并且不断地在耳边提醒着那些令人吃惊的隐晦秘密：我们是谁，为什么来到人世，从何处来，到何处去。"

当今时代是一个快速发展的时代，速度至上，致富要快，爱情要快，出名要快，每个人的心中都是有一个声音在催促着，喊叫着"快快快"，它像地主般驱使着我们卖力工作，努力赚钱！

我们忙啊忙，忙得忘记了自己，更忘记了休息。给自己点时间，倾听自己内心深处的呼唤。生活中很多人总是抱怨，抱怨身不由己。工作了没有自己的时间；孩子还小，一切需要自己，没有自己的时间。然而，真的没有吗？是你不想去做改变。良好的心态是人生快乐的秘诀。以一颗善感的快乐的心灵去体验世界，便没有什么能够让我们愤怒，让我们抑郁，让我们在紧张的生活中丢掉自己！

合理地调整好自己工作和生活，无论工作多忙，我们都应拿出属于我们自己的时间来休息，来享受生活的美好，看一看窗外的夕阳，看一看嬉闹的孩子。也静下心来，做真实的自己。

不会休息的人也定然不会更好地工作。可是社会的宣扬，让我们早就将之抛诸脑后。鞠躬尽瘁、死而后已，加班加点、忘我工作，这样才是大家心目中的好员工，好榜样！这样的舆论导向使得人们不注意自己的健康。于是，人们努力工作，忙忙碌碌。要知道，工作并非我们生活的全部，工作是为了更好地生活。我们应该做工作的主人，做自己的主人，而非工作的奴隶。

生命不是赛跑，无所谓输赢，我们只需过得充实，过得快乐，过得心灵富足，足矣。

因此，做一个会工作也会休息的人，这样的人生，才快乐而有意义！

第一章　活在当下

让心灵随着音符跳动

曾几何时，被不知从何方飘来的音乐打断了我们的思绪，或兴奋，或忧伤，或感慨，或宁静，音乐和我们的心灵发生着共振，和谐运行，舒畅无比。

音乐声通过空气的震荡传到了耳膜，直接作用于我们的心灵，不受意识和理性的阻隔，音乐是我们情感和情绪的最直接的表达，在音乐的世界里，我们可以抒发出最真实的自我。著名的古典音乐家海顿说："当我坐在那架破旧古钢琴旁边的时候，我对最幸福的国王也不羡慕。"这就是音乐的魅力。

美国加州的神经生物学家戈登·肖和心理学家弗朗西斯·拉舍尔曾经做过一个试验。他们选取了50余名3~4岁的小孩，分成3组。第1组接受一对一的钢琴和声乐课；第2组上电脑课，第3组不接受任何特别训练。8个月之后，他们通过拼图游戏、组装玩具、给图画上色等，对这3组孩子进行空间能力的测试。结果学音乐孩子的得分高出其他孩子的31%。

他们的研究还有另一个重大发现：在生命初期，大脑——比如思考能力，反应能力以及行为能力的发育不仅仅依赖于视觉刺激和家庭环境，还受到周围声响的影响。因此，每个人的大脑结构方式都可能与某种音乐风格相对应。比如，擅长"逻辑分析型"的大脑就同"学者"音乐一致，所以会有那么多数学家喜欢巴赫！而"直觉型"和"情感型"的大脑更容易被浪漫的音乐打动……

这些研究和实验证明了音乐对我们的大脑有着非常重要的影响。一个人的世界观的形成，人格的完善，价值观的建立是各个方面综合反映的结果，其中道德体系的作用尤为重要，而音乐恰恰可以陶冶情操，美化人格，洗涤心灵，成为人们完善自我，健康成才的关键因素。

第一章　活在当下

　　音乐是世界上最美妙的艺术之一，它可以直接作用于人们的灵魂，凝聚情感，音乐所具有的强烈的感染力，能够深深打动人们的灵魂，激发人们的潜力，使人们的身心得到愉悦。古希腊哲学家柏拉图曾经说过："最好的音乐是这种音乐，它能够使最优秀、最有教养的人快乐，特别是使那个在品德和修养上最为卓越的一个人快乐。"研究发现，喜欢音乐并且经常参加音乐活动的人，大多思维敏捷，语言表达能力强，善于交际，情感丰富。这就是音乐能够影响人格，有效铸造人格的作用。因为音乐包容了人的情感的各个方面，从这个角度可以说，音乐已经成为人们成长成才过程中不可或缺的一部分。

　　五线谱，七彩音符包含了人世间的万千情感，无论你身处何境，都能从音乐中找到心灵的慰藉。当你被现实所困、无法自拔的时候，听一听《命运交响曲》吧，情绪激昂，气势宏伟的音乐会完整地告诉你我们的命运是如何经历的，从第一乐章的命运急促地敲门，被命运驱赶，扼住咽喉般的紧张，到第二乐章的安详，沉思中孕育出内心的激情和力量，再到第三乐章准备就绪，自信十足地向命运宣战，最后第四乐章战胜命运，凯旋高歌，畅吟着无比的欢乐。感受一下音

乐带给我们心灵的撞击吧，这就是伟大的贝多芬，伟大的音乐。

门德尔松说："在真正的音乐中，充满了一千种心灵的感受，比言辞更好得多。"

音乐能够调节人们的情绪。《乐记》中说："乐至则无怨。乐行则伦清，耳目聪明，血气平和，移风易俗，天下皆宁。……"情绪是人们情感的外在表现，不同的情绪让我们对外部的世界有不同的认知，情绪开朗，积极的时候，人们通常会正面地看待问题，从而可以使问题得到更快更好的解决。反之，负面的情绪会使人们闭塞，阻碍人们前进的步伐，因此，我们要通过各种方式来调节自己的负面情绪，使之转到积极的方向上来，而听音乐就是一种非常有效的方式。

音乐对情绪的调节作用遵循"同质"原理。就是说，当一个人在生活中遭遇负性事件感到痛苦、悲伤时，可选择痛苦、哀伤的音乐，这样可以尽快使人把痛苦、悲伤的情绪完全释放出来，而不至于压在心底；一个带有焦虑或是愤怒情绪的人应该选择激愤的音乐，使其内心不安、担忧的情绪有所发泄。总之，就是让音乐与人的心灵、精神节奏保持同步，从而有助于其与人的情绪产生共鸣。当人的情绪与音乐

第一章　活在当下

产生共鸣之后，就可以转换音乐的色彩情绪。就是说，当痛苦、悲伤、激愤的音乐将人的痛苦、悲伤、焦虑、愤怒的情绪释放到一定程度以后，人们内心深处的积极力量就会开始抬头，这时就将痛苦、哀伤音乐转变为优美抒情的音乐，将激愤的音乐转换为轻松愉快的带有积极力量的音乐，以支持和强化人们内心的积极情绪力量，最终使得自身摆脱痛苦、愤怒的情绪，内心得到平静，获得力量。这是一个人在音乐的感染下，重新面对自己的内心，体验内心痛苦、愤怒的情绪，从而将这种情绪释放，进而使人得到升华，人格走向成熟，心灵获得重生的一个过程！

下面，我们选取了一些音乐作品以利于人们调节自己的情绪。

1. 感到疲劳和压力，想要重新焕发生命的活力——比才：《卡门》；小约翰·施特劳斯：《蓝色多瑙河》；埃尔加：《威风凛凛》；勃拉姆斯：《匈牙利舞曲》。

2. 忧郁——西柳贝丝的《悲怆园舞曲》；莫扎特：《B小调第40交响曲》；西贝柳斯：《忧郁圆舞曲》。待忧郁的心情有所缓解，渐渐消除时，再听格什温：《蓝色狂想曲》。

3. 焦躁、易怒，想要获得心灵的平静和安宁——贝多芬：

《第八交响乐》《月光曲》；约翰·斯特劳斯：《汉宫秋月》《二泉映月》；巴赫：《康搭搭》，肖邦：《A小调》；舒伯特：《第六交响曲》；贝德里希·斯美塔那：《我的祖国》。

4. 不安——巴赫：G小调《幻想曲和赋曲》；圣桑：交响诗《死亡舞蹈》。

5. 心灵空虚，亟需振奋精神——贝多芬：《命运》；博克里尼大提琴：《A大调第六奏鸣曲》。

6. 失眠及神经衰弱——门德尔松：《仲夏夜之梦》；莫扎特：《催眠曲》；德彪西：钢琴前奏曲《梦》；舒曼：小提琴小夜曲《幻想曲》《圣母颂》《摇篮曲》；舒伯特的《小夜曲》。

7. 内心急躁、充满渴望——亨德尔：组曲《皇家火焰音乐》；罗西尼：《威廉·退尔》；鲍罗廷：《鞑靼人的舞蹈》。

8. 厌世——亨德尔：清唱剧《弥赛亚》；贝多芬：C小调《第五"命运"交响曲》。

9. 心绪不好，情绪不定：柴克夫斯基：《花之园舞曲》；巴扎克：《A小调四重奏》；门德尔松：《第四交响曲》；勃拉姆斯的《第二交响曲》《平沙落雁》。

10. 抑郁——李斯特：《匈牙利的狂想曲》；门德尔松：第三交响曲《苏格兰C小调》。

第一章 活在当下

11. 悲伤，不开心——莱斯庇基《上午的特里顿喷泉》。

12. 敞开心灵，释放情感——约瑟夫·伊凡诺维奇：《多瑙河之波》。

13. 建立和他人的关系，释放人际压力——克劳迪·德彪西：《从黎明到中午的大海》。

14. 打破思想的各种限制——克劳迪·德彪西：《浪的嬉戏》。

15. 乐观，积极——《中午的特莱维喷泉》。

音乐可以陶冶人的情操。在日常生活中，我们可以根据自己的喜好，挑选自己感兴趣的不同体裁，不同类型的音乐来听。音乐能够充实我们的生命，升华我们的情操，净化我们的心灵。

音乐还能治愈疾病。有这样一件事情：在国外的一个医院里，一个著名医生给一名患有胃神经官能症的病人开了这样一张处方：德国古典乐曲唱片一张，每日三次，饭后放听。这位患者遵照医嘱，疾病很快得到治愈。

音乐疗法在目前是非常流行的。它是通过人的生理和心理两方面的途径来达到治愈疾病的效果。据说宋代欧阳修就是通过学古琴治好了抑郁之疾。科学家认为，当人处在优美悦耳

的音乐环境之中，可以改善神经系统、心血管系统、内分泌系统和消化系统的功能，促使人体分泌一种有利于身体健康的活性物质，可以调节体内血管的流量和神经传导；另一方面，音乐声波的频率和声压会引起心理上的反应。良性的音乐能提高大脑皮层的兴奋性，可以改善人们的情绪，激发人们的感情，振奋人们的精神。同时有助于消除心理、社会因素所造成的紧张、焦虑、忧郁、恐怖等不良心理状态，提高应激能力。

  总之，音乐是我们生命的一部分，没有音乐，生活将会变得多么单调和无聊，没有音乐，我们将无法生存，正如尼采说的"没有音乐，生命是没有价值的。"让我们的生命和音乐一起跳动！

第一章　活在当下

做自己喜欢做的事

人总是有所追求的，如果我们愿意去干一件事情，就能够找出千万条方法，把这件事情干好；如果我们不愿意去做一件事情，就会找出千万个借口，把这件原本做得好的事情干得一团糟。

有一位普通的山区教师，他在莽莽的大山里整整干了一辈子，这就是北京密云县石城中学教师张怀喜。他生长在北京，长在城里。1963年从北京西城区师范学校毕业时自愿报名到山区任教。当初他只有18岁，风华正茂。如今，青春已去，艰苦的山区生活，使他头上过早出现白发，额头刻上道

道皱纹。是什么力量使张怀喜爱上这青山绿水？1986年有一段报道回答了这个问题："有一年春天，他推开门来，见山坡上一夜之间开遍了山丹丹花，像是一片燃烧的朝霞。一位老乡告诉他，当年八路军的一个小战士去送信，遭到日本鬼子的伏击，牺牲在这儿，血洒山岗，从此，这山坡上的山丹丹花开得特别多、特别红。尽管这是山里人缅怀烈士英灵的一种特殊感情，但他从中悟出了人应该怎样生活才有意义。同时他还悟出了一个道理：要想改变山区的贫困面貌，关键在于提高山区人民的文化水平。然而为实现这一目标，不正需要像小战士一样的献身精神吗？打那以后，他决心在山区当一辈子教师。"

所以，如果我们有了正确的价值观的引导，就可以更好地完善自己的人格，端正自己的人生态度。对一个渴望成功的人来说，如果我们想取得成功，就必须树立一个正确的人生价值观。

我们若想成功，就必须培养自己的前瞻眼光，用超前的意识去想一想、看一看，有没有自己喜欢做的事情，如果有，我们就要抓住不放，使自己走向成功。

第二章

让心灵得到释放

第二章　让心灵得到释放

让心灵得到释放

心灵导师张德芬说："亲爱的，外面没有别人，只有自己。"我们看到的外在世界的一切都是我们内在投射的结果。所以，无须改变外在，只要改变我们的内心，我们就能改变自己的命运。

追求心灵的成长，就是为了让自己活在觉察中，为了更好地去感受生命的快乐和喜悦，更好地去感受和表达人世间最美好的事物——爱，让自己生活在一种富足而丰盛的人生中。

"我希望我能够偶尔逃离地球，然后再回来重新开始。"一位朋友对我这样说。我也有同感。尤其是从2008年之后，在经历了人生的许多变化之后，这种感觉也变得越来越激烈。

当日子变得平淡如水，工作变得辛苦则又乏味时，我们必须能够逃脱一下，否则，生命就会变得索然无味。

我们如何才能逃离呢？当然，我们可以坐上热气球，飘到空中，越升越高，直到城市变得像蚂蚁窝那么小，高山变得像小土堆那么大，云朵像小毯子一样。

但是，我们所需要的不是外在的而是内在的。在我们生活变得枯燥乏味之前，我们应当释放一下自己的心灵。

一本好书，一首韵律优美的音乐就能帮助我们逃离地球。"一本好书就可以把我们带到很远古的时代，也可以把我们带到一个很神奇的地方。一首韵律优美的音乐就能让我们在宇宙中飘逸，也可以使我们在海面上畅游。"心灵励志作家韩娜说。

这真是一种天才的设想，因为天才的作品就如一只强壮的翅膀，可以升华我们，把我们带到很远的地方。文学就好像一张魔毯，只要我们懂得如何使用。

"热爱这个地球就能使我们逃离这个地球"，这种说法似乎很奇怪，但事实就是如此。一旦我们发现这个地球的可

第二章　让心灵得到释放

爱之处，这块土地就会美丽得让我们惊讶不已。

我们总是被琐事迷上眼睛，无法看到这个世界的美丽之处。在我们生活的这个世界上，充满了美丽、优雅和绚丽，只要我们推开门，走出去。

纯真的爱犹如一首诗。我们并非坠入河流而是爬上了爱的高山。把自己的心交给别人会使我们快乐无比，也是自我解脱的最好方式。

我们的信仰也不应该那么沉重，而应该给自己插上翅膀，飞离沉闷与恐惧。它应该是我们心灵的避风港。

我们有很多方法离开地球，然后精神饱满地回来，以一种全新的姿态投入日常的工作。

当然，我们要说明的是追求心灵的成长，并非是要否定我们的物质生活。相反，当一个人的心灵得到真正的成长之后，他的人生也会因此而变得成功而富饶！因为这样的他，是真正的他，他能够真正走在通往自己人生天职的道路上，他活出了自己的灵魂，这种来自原始生命的灵魂的力量是外在所有困难都无法抵挡的！

这条通往自我世界的路是漫长的，可能会有幽暗，可能不会一帆风顺，可能会遭遇坎坷和波折，不要怕，更不要停下。没有什么可害怕的！如果你真的心有所悸，请静下心来，将你内心的所有恐惧一一呈现，去感受它，去接纳它，去拥抱它，就像感受温暖的阳光，就像接纳一件美丽的礼物，就像拥抱自己的至亲至爱之人。如此过后，你会发现，所有的恐惧都消失得无影无踪！所有的胆怯、不安都不知去向！剩下的，是这个世界满满的欢喜，满满的爱！我们心灵的成长旅程，就像一次穿越黑暗森林的惊险活动。当幽暗的森林完成它的使命，它定会从你身边抽离而去，而你，将带着自己独特而珍贵的心灵体验，回归阳光的怀抱！

第二章　让心灵得到释放

追求心灵的安适

很多时候，生活的不幸并非来源于生活，来源于不幸本身，而是由于外界事物侵扰我们的内心而引发的痛苦和折磨。从某种程度上来说，幸与不幸，都是你自己实现的，而非他人。

谁说面前有一块石头，就一定是自己前进的阻碍，祸福相依，如果你能够从另一个角度理解，它对自己或许还是一个帮助！

在2012年，由于一位同事的盛情邀请，与她去体验了一堂心灵的课程，在那堂课上，我看到很多的人放下繁忙的工作，尽情地让自己沉浸在自我的空间里，感受内心所迸发出来的激情。

这一情景给了我非常深刻的印象。人们热情追求心灵上的，放弃身体上的安逸，静静地听着舒缓的瑜伽音乐，尽量地让自己的内心得到平衡，以此改变自己的心态和习惯，追求一种内心的平静和高贵。这一堂课虽然简单，却让人感受到心灵的解放，不但促使人们在内心之中遵从了社会法则和自然法则，甚至是人的生命法则，还把人们从繁忙的社会中解脱出来，对自己的道德进行重塑！

这是一种冥想的艺术！对于那些虔诚的心灵来说可能是忏悔，但是对于大多数人来说却是心灵的一种净化，它不只是一堂课，一个机会，而是一个让我对我的心灵不断深化理解的过程。

在这堂课上，我深深地明白了这样一个道理：

我们无疑需要整理一下自己的内心世界，思考对于我们来说已经是很完美的事情，在这天以外，我们没有时间，也缺少方式，使我们无法摆脱那些细小的罪恶。

难道我们就不应该通过祈祷和冥想来剔除影响我们内心世界的东西吗？难道就没有什么能够祛除那些把这个世界变得嘈杂与混乱不堪的东西吗？

难道就没有人为战争、为人性的灭失和累累的白骨而心

第二章　让心灵得到释放

碎和懊悔？难道就没有人为种族仇恨而叹息？

难道就没有人对那些社会不公以及与镇压的行为而呐喊吗？难道就没有人为这个富裕的国度存在着贫穷而羞耻吗？

难道就没有人因为一些丧失人性的人做出令人难堪的事而感到义愤填膺吗？

《圣经》在我们手里变成了简单的教诲而非道德上的冒险，变成了一颗荣耀的棒棒糖而非精神上的进步。难道就没有人对此感到痛心吗？

对于这诸多的问题，我们无法回答，也回答不了，只有让自己的心灵得到安适就是对自己最大的奖赏。

因此，生活是你自己创造的！幸与不幸都源于你的内心。如果你心里装满了幸运，装满了幸福，你就会把幸运和幸福的种子播撒在你的生命中，你生命中的所有事情都会按照你的指引向幸运和幸福的方向发展！然而，如果你的心里装满了不幸和悲哀，你就会将不幸和悲哀带进你的整个生命，你生命中的所有事情也会按照你不幸和悲哀的指引向前发展，当然得到的就是更多的不幸和悲哀。所以，我们不要将生活的不幸归罪于他人，我们的人生是怎样的，幸与不幸，都是你自己推动的结果！

使心灵忙里偷闲

希腊哲学家亚里士多德说:"一个完美的人同时也是他自己的朋友,他乐于独处。"

希腊哲学家亚里士多德所描绘的完美的人,是泛指每一个时代的人。一个健全的人应有的独居沉思的时候。在社会上,他是社会的一分子。他离开了社会,他也不怕孤独。每天他必须有一段时间来省察自己,检讨一下每日的言行是否同自己的意愿相符。同时也要计划未来,以恢复自己的本来面目。

通过电影《巴格达小偷》,我们得到这样一个感悟——

第二章　让心灵得到释放

使心灵忙里偷闲时，你就会感觉到快乐一定会来到。但只有完美控制你的情感，你才能得以快乐。如果你心中充满恐惧、疑虑与担心，快乐永远不会眷顾你。只有对宇宙保持一种完美信仰，安全和快乐才会长伴你身旁。

只有当人们感受到一种无法占用的力量，在保护着他和他所爱的人，帮他实现心中理想，他才有可能放松，精神上才能得到快乐与满足。

他深深相信宇宙的智慧会保护他的利益，因此他绝不会被虚假的表象所困扰，他利用每一个可能的机会使自己受益。

"我要在荒野中修建一条道路，在沙漠里挖掘一条河流。"

心灵不能平静的人，他总是神色慌张眉头紧皱。嫉妒、愤怒、恶意报复会赶走你所有的快乐之源，代替的只能是失败、贫穷和疾病。

也许你不会这样想：被自己的愤怒击溃的人，比战场上牺牲或酗酒致命的人还要多。

有个原本健康快乐的女人，婚姻也很幸福，但她的丈夫在去世后将一部分财产留给了一个亲戚，这一点让她一直耿耿于怀。此后，她便无心工作，日渐消瘦，还患上了非常严

重的胆结石。

有一天，一个心理治疗师对她说："女士，嫉妒和愤怒对你没有任何帮助，它们只能使你身体里长石头；保持善意、平和与宽恕的心态，你的病将不治而愈。"

这个女人听从了心理治疗师的建议，她使自己变得平和、善解人意，终于恢复了健康。

所以，我们为了使自己的心灵得到慰藉，我们就要在自己的内心经常呼唤：

我心灵的仓库被快乐装满，就像水即将从杯口溢出。

我正被宇宙为我计划的快乐所包围着。

无尽的快乐不断地来到我身边。

我以神奇的方式拥有奇妙的快乐。这些奇妙的快乐就在我的身边。

生活每天都有惊喜："我兴奋地面对眼前的一切。"

敢于直面前进路上的危险，你就会发现它们突然变得友善。

我平和、快乐、容光焕发，从此不再被恐惧所困扰。

我的快乐坚不可摧，它是我的，并且永远属于我。

快乐像河流流向大海一样不断流向我。

第二章　让心灵得到释放

我的快乐归宇宙掌控，任何人都不能破坏。

我与圣哲一起前行，于是我的梦想也相随同行。

我要向宇宙致谢，因为我得到永远的快乐，长久的健康，不灭的财富和永恒的爱。

在忙碌的一周中，我们常常有这样的念头，这个周末一定要静下心来，读读那本好久以前就想读的书；把诸多还没有回复的朋友邮件，整理一下；把家里好好清扫一下。可是，等到周末来了，又去参加根本不想参加的聚会，一个周末又过去了，新忙碌的一周又跟着来了。

生活就是这样，他使我们变得越来越忙碌。因为一切变得太快，他们必须不断地往前跑，才不致落后。生意场上的狂热与团体活动，已经弥漫到整个生活圈，大家忘记了如何安静下来，享受一下独处的生活，让自己的心灵得到一丝休息。

现在的问题是，如何去找可以独处的时间和地点。音乐家与歌星也许比较幸运，因为在演奏或演唱前，他们必须找时间来研究、演习和休息。假使音乐家和歌星觉得这一段休息时间，对他们非常有助益，那么，忙于各种事业的人们，一定也需要这样的片刻休息。开完这次会，下一次会尚未召开之前，不妨让思想静下来。有一件杂事使你心累，则不妨

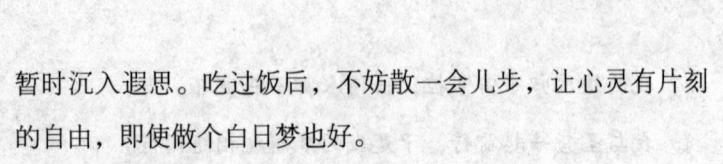

暂时沉入遐思。吃过饭后，不妨散一会儿步，让心灵有片刻的自由，即使做个白日梦也好。

这样的机会应该是每个人都可以找到的，也只有使心灵随时忙里偷闲，有小小的休息，才可以使一个健全而坚强的人，保持正常而快乐的内心生活。

第二章　让心灵得到释放

以心灵书写人生

　　生命是一场旅行，拂去岁月的铅华，经历心灵的涤荡，才能让生命呈现它的本相，还与自己一个崭新的、纯净的、没有约束的自我心灵空间。在那里，你会闻得生命本身所散发出的独特而清雅的芳香！释放你的心灵，解开生命的真相！

　　有些人写散文、小说、诗歌和戏剧，有些人则把自己的名字刻进大理石熔在铜块上。而有些人，则运用看不见的墨水，绘写人类心灵之中真理、美丽与爱的传奇。他们才是不朽的艺术家，他们的作品将会永存。因为他们是用心灵而不是用书本来写作，他们的话语会在人们的心灵中挥之不去。

这些话语像一段神圣的记忆一样萦绕在我们心头，医治我们心头的创伤。

一位可爱的母亲在她儿子的心头写下了一篇不朽的故事。这个孩子当时可能没有意识到（他的母亲也可能没有意识到），但是，时间会把这件看不见的作品变得越来越清晰，她的话语会成为一盏明灯，她的行为会成为人生的规则。同样，老师也用这种方式写出自己的经典之作，这样的作品历久弥新，因为这件作品是在不知不觉中用爱的艺术来完成的。

翻开深藏于内心的那本书，读一读上面所写的文字，我们就会发现，那是一段写在心灵上的真实故事，那是一段闪亮的传奇、金色的历史。

一次，和朋友去爬山，用尽九牛二虎之力终于爬到了山顶，我们俩个气喘吁吁地坐下来休息。山下的一切尽收眼底！大自然真是巧手神功！"真的有点老了！"我感叹道。"哎，你觉得这几年你最大的收获是什么？"面对朋友突如其来的一问，内心忽然一颤，有点不安起来，不知道该如何回答，更重要的，或许是自己真的没有什么可回答的。

一晃几年过去了。当有一天，我再次忆起当年朋友山

第二章　让心灵得到释放

顶的那句问话时，我的内心忽然有了答案。我拿起电话，拨通朋友的号码，要告诉他我晚了好几年的回答，"嗯？什么？"朋友充满好奇地等待着。"心灵的成长！"我淡淡地跟他说。朋友听后，笑了。

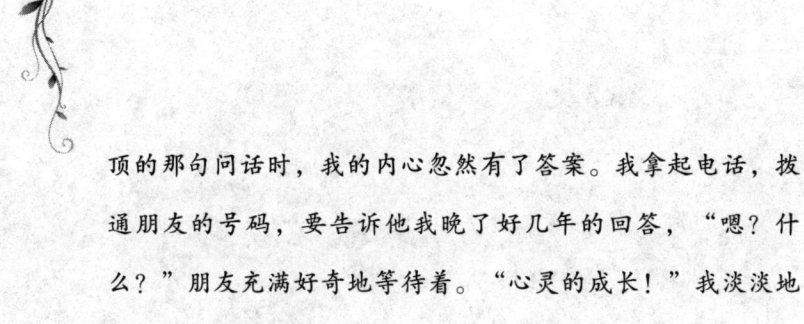

在人生这条宽广的大路上，很多时候，是你的心态决定了你的人生，甚至可以说，你的人生是你自己选择的结果。你可以选择欢快，也可以选择痛苦，这一切都源于你的内心。走进自己的内心，走进安静的自己，让自己来决定生活，自己做自己生命中最重要的那个人，爱自己，爱自己真实的生命，自己创造自己的人生，你会发现：你真的行！

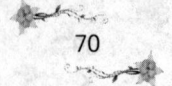

打开被囚禁的心灵

人生本身是没有限制的,所谓的限制往往是我们自己人为加上去的。正像麦可·柏纳德·贝奎斯所说的那样:"这会有界限吗?当然没有。我们是不受限制的存在,没有最高的限制。这个地球上的每个人,其内在的能力、才能、天赋和力量,是完全无限的。"

每当回复有关"孤独"话题的信件时,我总是发现这方面的信件有许多。来信的读者感到他们被切断了与朋友的联系,像是一个关押在监牢里的囚徒。

有些信让我想到弗兰克伊斯·德·博尼沃德所著的《夏

第二章　让心灵得到释放

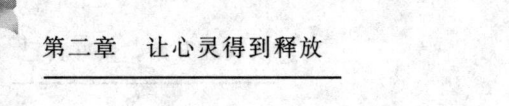

兰的囚徒》。这位囚徒在监牢里的时候，与墙上的蜘蛛交上了朋友。

这真是太可怜了，它有这么强的交友欲望。

一位妇女对快要上大学的女孩说："我真嫉妒你。"她接着说道""上了大学，你就有交朋友的机会了。"女孩说""嗯，但是你没有理由为此怨天尤人。"

她承认："是的，你说得对，我有许多朋友。但是，她们都不是我选择的朋友。我想，我丧失了主动选择朋友的机会。这两者之间有很多区别。"

真是这样吗？那不正是困惑的症结所在吗？我们应该与那些和我们差不多的人交朋友。如果只是等待那种想象中的朋友自己出现，那我们就会错过朋友。

交朋友是一种习惯——这是一种改掉自我、坦白自我的习惯。90%的孤独感是因为断然拒绝向朋友坦白自我造成的——这是一种保留，一种心理阻力，它给我们的心灵上了锁，关上门插上了门梢，我们就被囚禁起来了。

可能是由于太害羞，太以自我为中心、太好内省的缘故，好像对别人自我坦白会招致别人的蔑视。如果真是这样的话，那你就犯了个致命的错误，我们必须找自己的错误。

正如威廉·詹姆斯说的那样,如果人们有一颗"蔚蓝色的心灵",情况就不一样了。他们就不会有"不干净的翅膀拍打他们的房间"的想法,因为他们爱你,你也爱他们。

我们的孤独差不多都是我们自己造成的。为了交朋友,我们必须爱朋友——世界因为缺少友谊而感到难过,世界因为存在憎恨而受到毒害。别人也同我们一样渴望得到爱。

转动钥匙,打开房门,忘掉自己,你的面前就会现出一个令你惊诧的事情:世界原来如此友好,孤独已经无影无踪。

你要知道人生是没有任何限制的,除非你给自己的心灵上了一把局限的枷锁。你能像天上的小鸟一样,展开思维的翅膀在天空翱翔,越过万水千山,越过重重障碍。在你的人生里,没人能战胜你,除了你自己。

那么,你还有什么理由去违背规律、压抑自己的正当愿望和远大抱负呢?为什么不将你每一份精力、热情、激情,都毫无保留地投放在这些愿望和抱负上呢?

穆罕默德能创建一个比罗马帝国还大的帝国,他凭借的只有激情。在此之前,他只不过是一个赶骆驼的。你又为什么不可以像他一样呢?

人们错误地认为,压抑力量是为了表现得更好,压抑才

第二章　让心灵得到释放

能成功。其实这种做法是一种自卑的心理暗示，是胆怯、害羞、担忧、自卑、懦弱的表现，是被他人恶语中伤后的消极心态。不要介意别人如何评价你，你自己的想法才是最重要的。绝对不要因为别人对你不好的评价而影响了你的决定，相反，你要证明给他看，让他知道那种评价是多么没有根据，而自己的决定又是多么明智。

当奥立佛·克伦威尔申请做美国移民时，没人相信他的申请能被批准；当他组建骑兵团时，所有的人都在嘲笑他，说他在胡闹。因而，只有其貌不扬的乡下人加入了他的队伍。但是，对于克伦威尔来说，无论召集到的是什么成员，他都能训练他们。最终，这个骑兵团战无不胜，打败了查理一世国王的所有军队，这一切并非训练而来，而是因为他们有必胜的信念。

他们的敌人将他们称为"唱着圣歌的伪善者"。事实上，他们不是伪善的人，而是充满坚定信念的人，他们坚信自己的意志非常强大，终将战无不胜。这正是克伦威尔的信念，而他又将这种信念灌注给他的骑兵团的每一个人。因此，没有什么能阻挡他们前进的步伐。

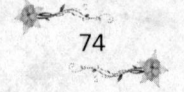

由此可见，没有信念就不能做成任何有意义的事情。为什么很多集团或组织在创建者去世之后就溃散了呢？为什么很多帝国在开国国君离世后分崩瓦解了呢？就是因为接手的人缺乏创建者的远见卓识，尤其是信念。创造者的初衷是为客户服务，实现心中的理想和信念；而继位者的愿望是得到现有利益，享受成就带来的欢愉。

　　最完美的防御就是更积极的进攻，你只想着保有原来的地位，止步不前，所以，早就被别人甩开了距离，这就是不进则退的道理。人生也是如此，向前冲就会避免被动。乐观积极也许可能会犯错，但能使你从中汲取教训，并取得更大进步；悲观保守、过度警惕则会导致你因为腐朽而死去。所以，做一个乐观主义者，培养一种乐观、奋发、向上的精神吧！

第二章　让心灵得到释放

防止负能量的入侵

一个魔鬼在一个人的心中安了家。这个魔鬼非常精明，于是跑到外面寻找伙伴，厌倦了自己，无法独处。

在四处漂荡之后，他变得非常疲惫，于是他又回到了那个人的心中。他发现里面干净了，空了。他发现这个人心中有了七个魔鬼，这七个魔鬼来到这个人的心里，定居了下来。于是，这个人的心中就有了八个魔鬼，这个人会怎样呢？他过于忙碌，无暇关心这些，其心理根本不设限。这是空虚生活的一个悲剧。

哈佛的布里格斯主任是这座古老校园里最受爱戴的人之

一。他的传记告诉我们，很少有人像他那样忍受痛苦，因为他非常恪守自己的职责。

"他经常性每天完成两到三个人的工作量，使自己的心灵处于一种不设防的状态，使那些丑陋的魔鬼在他的心里安了家，增添了他的痛苦与劳累。"

如果他感觉自己对某个新学生的惩罚过于严厉，他会整晚睡不着觉。或者，如果他认为自己忘记了哪个老学生的名字，他会变得茶饭不思。

在晚上，他本该放松一下去休息，可他却总是对自己进行检讨，直到疲惫为止。就这样，一颗敏感的心灵变成了各种魔鬼的栖身之所。

但我认为，寓言中的人物属于另一类。他的生活散漫而空虚，根本不关心自己的心灵，忘记了如果自己不把好的东西放到思想里，坏的东西就会乘虚而入。

有两个好朋友，一个叫小壮，一个叫小强。他们发现，村子里没有称心如意的姑娘，于是，他们决定一块儿到外面去寻找。

离开家乡之后，他们走了很多地方。有一天，来到了一个渔村，在村头碰到一个姑娘，小壮觉得那位姑娘正是自己

第二章　让心灵得到释放

心目中的人，或许这就是一见钟情。于是，他决定留下来。小壮对小强说："那个姑娘就是我想找的人，我想留在这里。"小强看那个姑娘没有什么不俗的地方，他就对自己的好朋友说："既然你喜欢，就留下来好了，我还要找我喜欢的人。"

于是，小壮辞别了小强，到当地去打听求婚的习俗。当地人告诉他，去求婚是要送牛的，普通的女孩只须送一两头牛，贤惠漂亮的女孩送的牛要多，也就是四五头，最多是九头牛，这样的女孩是非常优秀的，很少见，这里根本就没有人送过九头牛的。结果小壮买了九头牛，浩浩荡荡地赶着牛群去求婚了。

当小壮"嘭、嘭、嘭……"敲开女孩家的门时，她父亲出来了，扶着门框吃惊地问："年轻人，你有什么事？"小壮说："老伯伯，我看上了您家的女儿，我赶着牛是来求婚的？"老人说："你求婚也用不着赶这么多牛来，我家女儿只是一个普通人，最多只要三四头牛就行了。你送这么多牛来，是不对的，如果我收下，邻居会笑话的。"小壮说：

"不，老人家，我认为您的女儿是世上最漂亮最好的女孩，我认为她就值九头牛。请您一定要收下。"

老人一直推辞不掉，只好收下九头牛。

结婚之后，小壮一直把妻子当成最漂亮、最可爱的女人。

三年之后，两位老人想女儿了，就去看女儿，结果发现小壮他们村庄正举办一个盛大的篝火晚会，熊熊篝火的旁边，大家正在观看一个年轻漂亮，体态轻盈的女子翩翩起舞。两位老人一看，说道：如果我家的女儿也这么漂亮，这么可爱就好了。

没想到走近一看，那位跳舞的女子就是他们的女儿，他们吃惊地问三年没有见，你怎么变化这么大？

女儿说："从小到大，大家都认为我是一个普通的人，连我自己也觉得自己没有什么特别之处。但自从我有了男朋友，第一个人认为我是九牛之人，也是从那时候开始学习九牛之人的优点，结果三年过去了，没想到我真的成了聪明贤惠、漂亮可爱的九牛之人。"

由此可见，消极的人生状态即便不会带来灾难也会引来负面能量。只有积极的生活才是安全的，保持自己每天工

第二章　让心灵得到释放

作，每天快乐，防止自己受到负面能量的入侵。

如果我们想要保持一种道德上的安全感，我们就必须态度坚定，选择一些工作，不要让自己的生活虚度。

那么，我们怎样才能给使自己拥有一份好的心境呢？最简单的方法就是不要给自己的心境设限，如果你给自己的心境设限，其所害的程度是非常大的。

审视自我

如果我说我们之中很少人会将自己视为这个负面世界中的正面力量，我想大部分人都不会感到惊讶。然而，选择权在我们自己的手上，只要我们能洞察自己的内心，用我们的勇气和决心去走一条少有人走的路，让真正的自我去发挥天赋的才能，我们便能为自己及他人贡献一份心力。

我们身后和眼前的事，都不及我们心中的事来得重要。大部分人对于心灵的强大力量可以说是毫无认识。不了解正是这神奇的机制定义了我们的存在及我们所生存的世界。有时，我们确实能有效利用心灵去获得我们想要的东西。然

第二章　让心灵得到释放

而，大部分的结果是我们所得到的，却并不是我们想要的。

我们的心灵绝大部分的动作都在意识层次之下，也就是我们所熟知的"潜意识"。这是我们真正的力量来源，这个伟大的心灵，我们称之为"宇宙的心灵"。

"宇宙的心灵"拥有无比的力量，无所不在，我们无法窥得它的全貌。它是能源，是智慧，历史赋予它各种名称——神力、泉源、荣光、万能的上帝——它被视为是永恒、无限、全能以及全知。

世界上很多宗教都将此存在称为上帝。我们给予此存在这个特殊的称呼，这并非重点所在，重要的是这代表我们确知它的存在，以及我们可以运用它的强大力量更深层地了解自己以及我们所生存的世界。

这个广大的、肉眼看不见的心灵并非就是指某个人。它并非是一个有着白胡子、穿着白袍的老巨人，在天上的某处俯瞰着芸芸众生。它是一种有生命的灵魂，与人类紧密结合在一起，是人类的一部分。它就在你、我的体内存在于所有事物和生物中，没有固定的形式，但是我们可以随时感知它的存在。

无疑，的确有更高的智慧及更大的力量存在。所有伟大

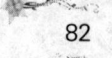

的宗教都证明了这一点。人类因众多的成就而沾沾自喜，但是人类从来就没办法无中生有，即使只是一粒小沙子、一株小草或是一片树叶！然而这些东西确确实实存在于我们的世界之中，是一股比人类更强大的力量创造了这一切，或说是一种思想。人类从未"创造"出一种思想，我们拥有思想，但我们却无法制造思想。

  身为进化过程中现阶段的一种生命形式，我们有着太多的限制。我们如此脆弱、易怒、懒散，又是那样缺乏自信。然而，一旦了解如何运用此种大智慧，所有的限制便在我们的眼前消失。在宇宙中，我们的心灵是最有力的创造工具。宇宙的心灵能跨越所有的时间和空间，将思想转化成形式，包括所有已经存在或产生的知识和智慧。

  我们拥有与"创造者"相同的力量和能力，我们能深思、反省、想象，也能创造。此种高层力量的发挥，让我们能发现真正的自己以及在地球上生存的目的，并在此过程中找到生命的意义、方向、成就感以及幸福。

  所以，让我们在此基础上往前迈进：人类的心灵没有限制与界限，我们所要做的就是要去激励、扩张自己，如此才能发现真正的自我。

第二章　让心灵得到释放

心灵是一种无以言表的喜悦，发自内心深处，因为它直接连接着自然宇宙的精神本体。

心灵没有欲望感而只有启悟感。更多的时候，心灵是以一种无需条件的方式自然来临，无论是人类在物质上的穷困或是富有，心灵本质上都与它们无关。在人类生命的世界里，心灵总是旁若无人地来到，让人类心中充满喜悦和希望的启悟。

那些获得心灵力量的人，将表现出远阔的目光和心胸，所有的事物能够装入他的内心被理解和感悟，他将拥有巨大的感知力，成为远见未来的先知。如果你一旦获得心灵力量，将意味着在物质世界之外获取了那个更大同时也无形的类物质世界的能量，于是你在物质形态的世界中也会显得与众不同，让人们惊讶你所拥有的力量。

这种力量就是人类在获得心灵之后的真正价值(对于注重现实利益的人们而言，心灵的这一价值往往显得可有可无)。从心灵价值实务的角度而言，人类通过获得心灵的力量，进一步获得现实世界中的正确生存方法。

在心灵的资产中，这些是最容易为我们所利用的力量，它们就像一块块砖，能帮我们打造一个充满活力、充分实现自我的生活。我们能充分发挥这些力量。事实上，我们已经拥有了最强大的力量：一种能让我们成为想成为之人，成就想成就之事的力量。做自己，并成为我们能成为之人，这是生命的惟一目的。我们了解自己拥有天赋才能，只是它们都隐藏在表面之下。我们的潜能所能成就的事，远非现在所想象。

　　从现在开始，你要去更深入地审视自己的内心，去发现那些被隐藏的资源。一旦你开始了解自己的无穷潜力以及可成就任何事的强大能力时，便能看见自己生命中的无限可能。这将为你的生命开创出一个戏剧性的新阶段，并帮助你去经历一种仅能被称为"知觉的转换"的经验，这将改变你对自己的看法，你将不再认为一生所能做的事就只有眼前这些了。

第二章 让心灵得到释放

宁境的心境

在张其金出版的《情感心理学之心境》这本书里,他写道:"你的心境就是你生命的主人,要么你去驾驭它,要么就是它驾驭你。但是,令人不可思议的是,你的心境会决定谁是真正的主人,正是由于心境不同,从而也就有了不同的心情。愉悦的心境只是一时的,我们最重要的就是保持这种愉悦,再达到宁静的状态,宁静的心境是在长期不断地解脱忧虑、驱除烦恼、平息怒气,由心理失衡到心理平衡的过程中逐渐形成的。宁静的心境,可以使我们遇事能够放开视野,纵横思考,运用自如地驾驭,把握自己的情绪,不管碰

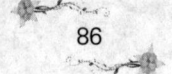

到什么不愉快,尽可能从中寻出合理的一面,从而获得新的宁静。心境宁静者必定常常为受窘的人说一句解围的话,为沮丧的人说一句鼓励的话,为疑惑的人说一句提醒的话,为自卑的人说一句自豪的话,为痛苦的人说一句安慰的话。助人为乐,自寻开心就能拥有美好的心境。"

每个人开始的时候并没有多大的区别,唯有不同的只是他们的心境,心境不同,导致每个人的命运不同。因此,一个人的心境往往会关系到一个人的命运,要想时刻都让自己的心境处在明亮之中,你就得让自己的心境永远处在美好之中。你千万不要事后才后悔,后悔可能又会导致抑郁的心境。如果你的心境灰暗的话,那么,你的世界也就是灰暗的;如果你的心境是明亮的,那么,你的世界也就是明亮的。

年轻时,我也曾有丰富的幻想。我要像许多人盘点财产一样,把大家一致公认的人生幸福一一列举出来。那时我归纳世人最渴望的东西有七项:

(1) 健康;

(2) 爱情;

(3) 美丽;

(4) 才能;

第二章　让心灵得到释放

（5）权力；

（6）财富；

（7）名誉。

我觉得这一发现很了不起，就特意送给一个有见识的长者看，他是我当时心目中的典范。我希望他会赏识我早熟的智慧，所以很自负地说："人类的幸福已经尽在于此了。假使一个人拥有了这些，他便快活如神仙了。"

老人经过一番沉思，用很含蓄、很有安详的神态说："这个表所列举的项目很扼要，各项目的先后顺序很合理。可是，青年朋友啊！你却漏列了人生幸福中最重要的一项。假使缺少了这一项，人们所获得的其他种种，也都要包藏在痛苦中了。"

听了这话，我就用辛辣的口吻问他："倒要请教，那漏列的一项究竟是什么呢？"

他就拿起一支铅笔，把我所列的七个项目一笔勾销。这个当头棒喝，惊醒了我年少的美梦。于是，他慢慢地写下几个字："宁静的心境。"大多数人从来没有尝试过这种滋味。许多人等待一生，到晚年才获得宁静的心境。

在心理学上，心境是指一种比较微弱而久久存在的情绪状态。它具有弥漫的特点，往往会影响人的整个精神状态，使这段时间的所有活动都染上同样的情绪色彩。"人逢喜事精神爽"或闷闷不乐即是心境。也就是说，心境不是关于某一事物的特定的体验，而是以同样的态度体验对待一切事物。心境对学习、生活、工作、健康都有重要的意义。积极向上的、乐观的心境能使人的精力倍增，从而提高学习和工作效率，增强信心，并有益于健康。而消极的、悲观的心境则使人颓丧，降低人的学习、工作效率，使人丧失信心和希望。经常处于不良的心境中，还会有损健康。

生活中，如果你渐渐地感到自己越来越脆弱，遇到困难、问题越来越多，毫无疑问，你肯定是走进了灰暗的心理世界之中，此时，你就在各个方面不断地寻求突破，这是非常重要的，如果你还在灰暗的心境世界里徘徊，甚至是苦苦挣扎，你的生活就会陷入一片苦海之中。更为重要的是，你的情绪还会影响到你身边的所有人。

因此，控制不良心境，培养良好的心境对每个人都是很重要的。心境产生的原因是多方面的，个人信念的好坏，对目标和理想的期望、学习工作的成败、生活的顺逆、人际关

系的好坏、个人健康状况及自然环境的变化等，都可能成为引起某种心境的原因，但对人的心境起决定作用的是人的理想、信念和世界观。失败和挫折可能使人悲观消沉，而对具体有科学人生观和崇高理想的人来说，失败和挫折反而能激励他们信心百倍地去迎接困难，更加朝气蓬勃地前进。

如果你是一个心境灰暗的人，请仔细地分析、评估你的生活，尽可能地找出其中的积极因素，哪怕是非常微小的成功，也要由衷地庆祝一下，以培养你的乐观和自信。即使你有时失败了，也要想到毕竟离成功更近了，因为你曾经多次获得过成功。品味成功，将使你产生积极、乐观的心境。更重要的是，你应不断地学习并充实自己，这样的话，生活中的种种不如意也就不致使你消沉和失望。

人总是会做出一些让自己的同类都感觉心寒或者是不可思议的事情，但是心理学家为我们指出，如果你能让自己走出灰暗的心境，揭开神秘的心理世界面纱，加强心境的修炼，增强情绪修养，培养乐观心态，你就能够突破自我，最终超脱自我。

滋养心灵

时光如白驹过隙,驻足凝望过往,我们每天都在忙碌,都在追逐,追求幸福,追求财富。可是有一天,我们突然发现,我们银行卡上的数字是增加了,可与此同时心灵的负担却也越来越重,我们的心灵变得落寞,变得无所适从,原本的快乐消失得无影无踪,我们甚至已经找不到了自己。追求富足的生活并没有错,每个人都想拥有舒适富有的生活,然而心灵的快乐很多时候却是物质所无法满足的,在忙碌的生活中,我们应该打开我们被封固的心灵,多多窥探一下自己的内心,聆听一下我们内心深处的渴望,让自己回归,让我

第二章　让心灵得到释放

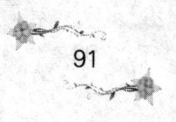

们的心灵回归，让自己做回我们自己心灵的主人。

圣·弗朗西斯人生中难忘的场面出现在他造访奥斯蒂亚主教时。主教给他准备了酒席，但弗朗西斯没有动。他坐在主人的旁边，周围不是骑士就是贵族，而他则穿着简陋。他从自己的皮夹中拿出一片黑面包，大口地啃了起来。

这是一幅画家绘画的好题材——这个贫穷的小个子偷偷地坐在那里吃面包，而主教和其他的客人则大口地享受佳肴！他说，这是上帝的面包，他是通过向农民传布上帝的仁爱与友善才得到的这块面包。

他以自己一贯的作风，愉快而又有礼貌地享用完自己的面包，然后上桌给这些尊贵的客人每人发了一块黑面包，并且说："我认为，这能体现上帝最高的尊贵与庄严，万能的上帝希望我们能为他人做出一些贡献。"

无神论者勒南说，弗朗西斯的生命使相信上帝变得更容易了一些，他的生命立即变成了一首诗、一个寓言。只有一样是肯定的，那就是我们要有一些懒以生存的东西，有一片心灵上深藏不露的面包，可以滋养我们、支撑我们。否则，如果我们的面包是空的，我们就会挨饿。

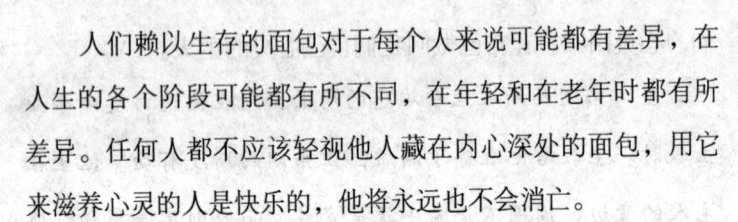

人们赖以生存的面包对于每个人来说可能都有差异，在人生的各个阶段可能都有所不同，在年轻和在老年时都有所差异。任何人都不应该轻视他人藏在内心深处的面包，用它来滋养心灵的人是快乐的，他将永远也不会消亡。

　　亲爱的读者，你的面包是什么样子的？当生命变得痛苦与苍白的时候，你靠什么生存呢？你的灵魂依靠哪种"安慰的面包"或者"信仰的面包"来生存呢？你用藏在内心深处的面包来赋予自己今天的力量和明天的希望了吗？每个人都应该回答这一问题，让自己有面包吃。

　　这个世界非常饥饿，不是因为缺少面包，而是因为缺少爱、怜悯与公正。如果我们有足够的面包可以与人分享，我们就应该把自己的面包与他人的心灵共同分享。

　　我们总是马不停蹄地奔走前行，却从不曾真正静下心来问问自己：自己内心到底想要什么？我们常常追赶着他人的脚步，身心俱疲，却一无所获！做回自己心灵的主人，才不会被外物所易，才不会生活在他人的生活里，才会让我们的身心和谐，永葆内心的安宁和快乐！也唯有做回自己心灵的主人，我们才能在人生的长河里，保持自我的本色，不被外在的诱惑迷惑双眼，因为内在的心灵有着强大的力量，任何

第二章　让心灵得到释放

外在的力量都无法侵入！

很久以前，在一个美丽的王国里，有一个非常漂亮的花园。花园里长满了梨树、苹果树，还有很多玫瑰花，百合花，它们每个人都幸福、快乐并满足地生活着。

可是这美丽的花园中，却有一棵"不和谐"的小树，在众人的眼中，仅有他自己愁容满面。因为这个可怜的小家伙一直以来就被一个问题所困扰着——他不知道自己是谁。

梨树对他说："肯定是你不专心，你要是真的努力了，一定会结出美味的梨来，多容易的事情啊！"

玫瑰花说："才不是，不用听他的，开出玫瑰花来才更容易呢，你看多漂亮啊！"

小树耐心地听着他们的建议，非常努力，期望有一天自己可以和他们一样，结出美味的梨，开出漂亮的玫瑰花。可是，一天天过去，它越是努力地想和别人一样，它越是感到自己的失败。

有一个晴朗的晌午，智慧的大雕来到花园里做客，他看到小树闷闷不乐，就问他："亲爱的小树你怎么了？不开心吗？"小树便把他的困惑对雕讲述了一遍。大雕听了，微

微一笑:"原来是这样啊!不用担心。你的问题一点都不严重,你知道吗,地球上的许多生灵都面临着和你一样的问题。我来告诉你怎么办!你不要把生命浪费在去变成别人希望你成为的样子,你就是你自己,你要试着了解你自己,要想做到这一点,就要倾听自己内心的声音。"说完,雕就飞走了。

小树站在那回味着大雕的话,一边想一边自言自语:"做我自己?了解我自己?倾听自己的内心声音?"

突然间,小树茅塞顿开。他静静地站立在那,慢慢地闭上自己的眼睛,顺着心灵的大门探寻下去,他听到了自己内心深处的声音:"你永远都结不出梨来,因为你不是梨树;你也不会每年每天都开出美丽的玫瑰花,因为你不是玫瑰。你是一棵橡树,你的命运就是要长得高大挺拔,长出粗壮的枝干,茂密的枝叶,让鸟儿们栖息,给游人们乘凉,创造一个美丽清凉的绿色环境。你是你自己,你有着自己独特的使命,快去完成吧!"

小树顿时感觉身上积聚起来巨大的能量,浑身散发出自信而耀眼的光芒。它每天都向自己的目标迈进,一天天努力

第二章　让心灵得到释放

地成长。没多久，他就长成了一棵大橡树，变得高大挺拔！于是，整个花园和谐了，每一个生命都快乐而幸福地生活着，因为每个生命都找到了自己的人生位置，实现了自己的人生价值！

现在的你，有没有像当初那棵小橡树一样迷失自己呢？打开心灵的闸门，做自己心灵的主人，你会见到一个不一样的自己，他充满力量，他不受限制，他无所不能，他像阿波罗的神灯一样，只要你对他下命令，他便会忠诚地服从，帮你实现你内心的愿望！

于丹曾经说过，生活中，我们的眼睛，总是看外在的世界太多，看我们的心灵太少！于是，我们才会彷徨，才会犹豫，才会不知所措！

你是你自己生命的主人，你有自己选择的权利，而生活中你却将自己的心灵交与他人保管！这样的结果就是：你抱怨自己生活的不幸，你觉得父母没能让你拥有财富，你认为爱人没有为你带来幸福，你对生活感到失望，然而，这一切的根源不在他人，正在于你自己！是你迷失了自己，让他人来主宰自己的快乐与幸福！要知道，外在世界所有的一切都是变化不定的，父母可能先离我们远去，爱人也可能会离开我们，他是不会永远围绕着自己来转。而且如果没有这些人存在，是不是你也就没有了存在的意义呢？一个人的快乐和幸福是他自己本体所给予自己的！如果你总是生活在你自己以外的世界中，看不到自己的内心，无法主宰自己的心灵，即便全世界都是你的，你也不会满足，不会感到幸福！

上帝是公平的，他赋予我们生命，我们应该充满感恩并积极地生活，让内心爱的光芒照耀生命的每一刻！这个世界并不亏欠你什么，如果你过得不幸福，不快乐，那只能说是你自己亏欠了你自己！

告别自己不良的过去，面对内心真实的自我，一个人才能获得和谐，得到快乐，才能真正感受到内心的力量，不再有恐惧，不再有担忧，才能越过生命的一个又一个关卡，体验生命的富足和快乐！

如果说生命是一趟奇妙的旅程，就让我们在这趟旅程中，做自己心灵的主人，放飞我们灵魂的翅膀，让他自由翱翔！

第二章　让心灵得到释放

开放你的心灵

我们每个人都是心灵的塑造者。所以，你有什么样的心灵，就会有什么样的人生。每个人都会有不同的气质，有的清新，有的世俗；有的聪明活泼，讨人喜欢，有的则举止庸俗，让人讨厌。所有的这一切，仅因为每个人的心灵世界不同。心思纯净，身上自会有一种脱俗的气质；心灵不洁，自然也就会散发出一种庸俗之气。所以，观气质，就可以观一人。

我们每个人都生活在现实生活中，而现实生活也充满了各种各样的诱惑，所以，我们的生活也往往匆促浮华，难以培养出深遂的思想。因此，只有让自己远离各种诱惑，才能让自己的心灵安静下来，才能让自己的思想深刻起来。"人心如水，静止则明；不为物引，不为欲萦。"因此，我们要经常让自己停下来，打扫一下心灵的空间。

还有就是，如果你对做人采取的是一种玩世不恭的态度，游戏人生，非常不满的话，那么你的内心就会充满污浊，就很难达到清静。俗话说："水至清则无鱼，人至察则无友"，对事物太认真了，就会对什么也看不惯，容不下亲人，容不下朋友，从而彻底地把自己割裂开来。

其实，从影响一个人心灵的角度来看，周围的环境对他有着巨大的影响。比如一个人如果在他的生活环境中，经常能受到朋友的鼓舞与勉励，那么，他的意志和决心就会得以加强，因为朋友在激励他去抓住机会的时候，他就可以从朋友那里获得巨大的精神力量。

有些人太容易接受失败，还有一些人虽然一时并不甘心，但是麻烦和挫折消磨了他们的志气，最后也就放弃了奋斗。只有具有坚定信心和勇气的人，才能历经人生坎坷去奋斗，获得最后的胜利。

人生的确是个谜团，谁也不可能找到最终的谜底，但是，人又是天生的猜谜者，我们需要解开生命的秘密。即使

第二章　让心灵得到释放

一辈子为此忙碌，我们也不认为是在浪费时间。人生的愉快之感，固然可以想见，譬如，站在高岸上，遥看颠簸于大海之中的行船，是愉快的；站在古战场的遗址，瑕想那勇猛的搏杀，力量的碰撞，同样令人血脉贲张。但是，没有什么事物，能比攀登于人生真理的高峰之上，然后俯视看路上的层层路障和迷雾，更让人感觉愉快了！

上帝创造了驴子，对它说："你是头驴子，从早到晚，你要不停地干活。在你的背上，还要驮着重物，你吃的是草，而且缺乏智慧。你的生命将有30年。"驴子回答说："像我这样生活，30年实在太长了。求求您，还是不要超过20年吧！"上帝答应了。

上帝创造了狗，对它说："你需要随时保持警惕性，守护你最好的伙伴——人类和他们的住所。你吃的是他们桌上的残羹剩饭，你的生命期限为25年。"狗回答说："我的主啊！对于这样的生活，25年太长了，我的生命还是不要超过15年为好。"上帝答应了它的要求。

上帝又对猴子说："猴子，你悬挂在树上，像个白痴一样令人发笑。你将在世上生活20年。"猴子听了这话，眨眨

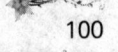

眼，回答说："我的主啊！如同小丑一样活上20年，确实太长了，请您行行好，不要让时间超过10年吧！"上帝也答应了猴子的请求。

最后，上帝创造了人。上帝告诉他："人，你要有理性地活在这个世上，用你的智慧掌握一切、支配一切，而你的生命为20年。"人听完后，这样回答："主啊！人活着，只有20年的时间，怕是太短了，我看这样吧——您将驴子拒绝的30年、狗拒绝的25年和猴子拒绝的20年，全部赐予我好吗？"上帝答应了。

结果，正如上帝所安排的那样，人，先是无忧无虑地活过了一些年头，接着，他成家立业，如同驴子般，背着沉重的包袱拼命工作；然后，像忠诚的狗一样，认真守护着他的孩子；当老的时候，他又像猴子一样，扮演"小丑"，和他的孙辈们玩耍，享受晚年时的天伦之乐。

这就是人生。很多人，就是这样走过他们的一生。但是，在这样的过程中，每个人享受到的人生味道却不尽相同。

人就好像一架复杂的机器，他那漫长的生命就是为了成就一番伟大事业，建立不朽的功名。所以，人体这架复杂机

第二章 让心灵得到释放

器中,每一个零部件对成功来说都是关键的,都是成功的一个要素,也就是说是完全为成功而存在的。

记住这条原则:确信自己必有成功的把握,无异于替自己的精神打了一针兴奋剂,会使那些迟疑、恐惧、后退、彷徨的恶魔都纷纷避开你。同时,你的希望、期待与能力都如电流在你身体里流过一般,使你整个身体受到感应,把你改造成一个充满希望、前途远大的人。

所以,开放心灵,其实就是对自己有一个正确的认识,以一颗积极的心态去面对,你就能激发自己内心的潜力。

第三章　做最好的自己

第三章　做最好的自己

自我价值

对于"自我价值"的概念,《百科全书》已经给我们提供了很好的注释:"自我价值,就是指在社会生活和社会活动中,社会和他人对作为人的存在的一种肯定关系。包括人的尊严,和保证人的尊严的物质精神条件。"

每个人身上都蕴含着巨大的能力,在这种巨大的能量还没有开发出来之前,人们可能处在各种状态之下,就好像演说家手里的100美元一样,可能崭新亮丽,赏心悦目,也可能皱皱巴巴,肮脏不堪,但是,无论哪种状态,价值都是100美元,只是在真正体现出100美元的价值之前,皱皱巴巴的状态

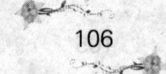

不容易引起人们的注意，甚至不被人们所接受。

　　在生活中，人们对自我价值，常常有一种错误的认识，认为只有自己做了什么惊天动地的大事，才能显示出自己的价值。这样的观念使得我们忽略了很多自身珍贵的品质。一个人的自我价值不依赖自身以外的任何人、事、物来证明，它是一种完全由自我决定的价值，它体现的是一种独立的人格。一个人的自我价值，与你的地位无关，与你的财富无关，与你的健康和情绪无关，与他人对你的评价也无关，而只关乎你自己对自己的判定。生活中，很多人之所以无法体验到自己的价值，就是因为对于自我价值，人们总是错误地用高低贵贱去判断，这样的思维理念严重阻碍了我们自我价值的体现。

　　在我们小的时候，自我价值是通过父母的接纳、肯定、承认、赞美、表扬、鼓励等方式逐渐建立起来的。幼儿时期（6岁以前），尤其是1周岁之前，父母的关注和爱是个体的自我价值感的建立的关键期。瑞士心理学家维雷娜·卡斯特发表过这样的看法："对6个月内的婴儿就必须表现出爱和关注，这样婴儿才会感觉舒适并且得到很好的发展。如果孩子因太少受到关注而不安吵闹的时候，亲近对象总是不能适当

第三章　做最好的自己

地给以抚慰，那么就会削弱孩子最初的信心，而这种信心正是形成足够稳定的自我价值感的基础。"

自我价值感是在个体在自我判断、自我评价的基础上形成的一种稳定的态度和情感，是人们后天生成的一种认知。它在很大程度上影响着一个人的身心健康。

当一个人的自我价值感很强的时候，这个人就会表现出自我完善、自我提高的欲望，表现出向上向善的本性，做任何事情都能积极向前，充满自信；而当一个人的自我价值感很低的时候，这个人就会表示出自卑消极的一面；如果一个人的自我价值感为零，那么这个人则完全失去了对生存下去的欲望，人就会启动自我毁灭程序。

生活中，我们常常看到这样的现象：一个人的外在形象非常好，可是这个人却非常自卑。这就是说，这个人的自我价值感比较低。

自我价值感是人们后天形成的一种认知。每个人认知方式的不同常常导致自我价值感高低的不同。

美国某大学的科研人员进行过一项有趣的心理学实验，名曰"伤痕实验"。他们向参与其中的志愿者宣称："该实验旨在观察人们对身体有缺陷的陌生人作何反应，尤其是面

部有伤痕的人。"

每位志愿者被单独安排在没有镜子的小房间里，由好莱坞的专业化妆师在其左脸上做出一道血肉模糊、触目惊心的伤痕。志愿者被允许用一面小镜子照照化妆的效果后，镜子就被拿走了。

尤为关键的是最后一个步骤，化妆师表示需要在伤痕表面再涂一层粉末，以防止它被误擦掉。实际上，化妆师用纸巾偷偷抹掉了化妆的痕迹。

对此，毫不知情的志愿者们被派往各医院的候诊室，他们的任务就是观察人们对其面部伤痕的反应。

规定的时间到了，返回的志愿者们竟无一例外地叙述了相同的感受——人们对他们比以往更加粗鲁无理、不友好，而且总是盯着他们的脸看！

毫无疑问，他们的脸上什么也没有，是不健康的自我认知影响了他们的判断。

当一个人没有健康自我认知，自我价值感低的时候，就会自卑，认为自己有缺陷，不可爱，觉得自己是没有价值

第三章 做最好的自己

的,这样的内心会通过一个人的言行反映给外在世界。而我们自己看到的或听到的外在世界对我们的认知其实反映的是我们的自我认知。

因此,人的心灵就像一面镜子,你看到他人是如何评价自己的,取决于你自己是如何评价自己的。

一个人如果长期抱怨自己的生活,感叹命运的不公,总是对其他人和事不满意,好像自己是一个人受害者。其实,我们往往会发现,真正的问题在于他自身,在于他自己的内心世界,是他发生偏差的自我认知导致的很低的自我价值感。

生活中,我们需要改变的不是环境,不是他人对自己的看法,而是自己的内心,是自己对自己的看法。这个世界上,除了你自己,没有人能诋毁你的价值。

我们应该相信自己,承认自我价值,更好地对自己进行定位,这样我们方能很好地把握自己的命运。

有一天,一位禅师为了启发他的门徒,交给了他的徒弟一块石头,叫他去蔬菜市场,并且试着把它卖掉。徒弟接过这块石头,仔细地观看:这块石头很大,非常好看。师父告诉徒弟:"不要卖掉它,只是试着卖掉它。注意观察,多问

一些人,然后只要告诉我在蔬菜市场这块石头能卖多少钱,就好了。"这个徒弟去了。在菜市场,许多人过来看石头,他们想,它可以当做一个很好的小摆件,孩子们也可以玩。于是这些人一一出了价,但不过是几个小硬币罢了。那个人回来后就把这个情况告诉了师父。他沮丧地说:"师父,这块石头最多只能卖几个硬币而已。"

师父听了,对他说:"现在你把它拿到黄金市场,问问那儿的人,可以出什么价。但是不要卖掉它,就问问价而已。"从黄金市场回来,这个门徒非常高兴,对师父说:"师父,这些人太棒了。他们乐意出到1000块钱。"

师父听了,说道:"现在你去珠宝商那儿,看看他们能出多少钱,但不要卖掉它。"他去了珠宝商那儿。他简直不敢相信,他们竟然乐意出5万块钱。他不愿意卖,他们就继续抬高价格——他们出到10万,20万,甚至有人给出了30万的价格。这个徒弟还是不卖。这些珠宝商说:"不行你出个价格,多少都行,只要你肯卖。"但是这个徒弟说:"我不打算卖掉它。我只是问问价。"对于这种情况,徒弟非常惊

第三章 做最好的自己

讶:"这些人真是疯了!"在这个徒弟看来,这块石头蔬菜市场的价格已经足够了。

他从黄金市场回来,将情况告诉师父。师父拿过石头,对这个门徒说:"我们不打算卖掉它,不过现在你应该明白,我之所以让你这样做,主要是想培养和锻炼你充分认识自我的能力和对事物的理解力。如果你是生活在蔬菜市场,那么你只有那个市场的理解力,你就永远不会认识更高的价值。"

一个人如果认为自己只是一块石头,那么你就真的是一块石头,如果你认为自己是一块很有价值的金子,那么你真的是一块金子。一个人要想不断向前,获得成功,就应该将自己的价值定位在一块金子上!

一个人如果丢失了自我价值感是一件非常可怕的事情。

一个人的自我价值不依赖任何外在的人和物而存在,它和我们头脑中后天形成的价值评估无关,我们自己就是价值的本身。一个依靠他人认同才能感受自我价值的人,是非常可怜的,当外在的事物一旦消失,这个人就会感觉自己失去了存在的价值,就像上面案例中的王老太一样!生活中,我们很多人,像王老太一样,在这样的思想道路上走得太久太

久了，以至于无法找到真正的自己。

一个人唯有真正认识到自己就是价值的本身，才能真正地认识自己，了解自己，发现生命的意义。

一个人的价值就像大自然的万事万物都有自身存在的价值一样，它不会因为你不理解，你没有接受而就不存在。它始终安静地存在着，只是你没有发觉。

一个人唯有真正认清自己的价值，认识自己就是价值的本身，我们的生命才会显示出它的本来面目，显示出生命的美好和庄严。这样的认知会让我们卸下我们背负的生命的重重的外壳，挣脱所有束缚，所有枷锁，如释重负，获得心灵的自由！也唯有此时此刻，我们的生命才真正开始了！我们才毫无束缚地真正自由地生活在这个世界上，活出真正的自我，让我们的生命得到完满的释放！

当我们能够真正认清自我价值，全然地生活在这个世界上，我们的灵魂就得到了自由，我们不受任何限制和束缚，我们不再苛求他人的认可，我们会真正展现出生命的本质，让生命本身散发出纯净的、优雅的芬芳！

认清自我价值，我们就真正生活在了我们的生命里，我们会顺着我们心的方向去成长，获得内心巨大的力量。在这

第三章　做最好的自己

样的生命中，我们无惧风雨，无惧死亡，能够自然而平静地接受一切，打败一切！

在这样真实的生命中，我们才释放出自己内心的力量，获得生命的升华！在这样真实的生命中，我们能跨越一切困难，自然地获得我们想要的一切！

认清自我价值，生命便没有了障碍。生命之外的所有障碍便不再是障碍！我们能够轻而易举地逾越，获得生命的圆满和快乐！

认清自己的价值，认识到自己就是价值的本身，是每个人获得的人生最重要的财富！因为从这里，我们发现了真正的自己。

自己才能拯救自己

亨利·沃德·比彻曾经说过："每个人应该思考的不是他已经有什么，而是他应该做什么。"不管你的身份、地位如何高贵、显赫，如果不能持有自立自强的态度，你永远不可能以成功者的姿态出现在大家面前。

生活中，我们的态度决定了我们是成功还是失败，我们唯有相信自己，立足于自身，才能真正走向胜利和成功。求人不如求己，我们的命运掌握在我们自己的手中。

彼得是一位年轻的小伙子，他对自己贫穷的生活现状很不满意，他每天都在做着同样的一个梦，"拥有一所大大

第三章　做最好的自己

的房子，一辆漂亮的跑车，一笔高薪的收入，一位漂亮的妻子，每天可以躺在海滩上吹吹海风，高兴的时候就工作一下，不高兴想做什么就做什么。"

有一天他碰到一个老人，他向老人倾诉着自己不幸的生活现状以及美好的梦想，老人听完后笑笑说："年轻人，其实你已经非常富有了。"彼得很惊讶："我一无所有，怎么会富有呢？"老人说："如果用你的一双眼睛或是一双手来换取你梦想中的一切，你愿意吗？"彼得想都没想就说："当然不愿意。"老人又说："你已经拥有了能够创造你的梦想的一切，难道你还不够富有吗？"彼得恍然大悟。

梦想需要靠我们自己的双手去创造，不管现在是富有，还是贫穷，幸福还是痛苦，都需要我们自己的努力去不断改变或是延续，如果我们失去了自己望向辽阔世界的眼睛和创造幸福的双手，失去了自己创造美好未来的积极心态，那么拥有的也将会失去，得不到的永远也得不到。人生不是因成功才满足，而是因满足才获得成功。

生活中有很多人整天在抱怨，为什么我就是不如某某人富有呢？为什么我想得到的东西总是得不到呢？消极谩骂，

怨天尤人，无奈之下甚至会去祈求神明的帮助。殊不知，能够真正拯救自己的唯有自己。

现实中很多人在不如意或是遇到难题时，就会去求神拜佛，如来佛祖、观世音菩萨的雕像常年竖立在那里，接受着成千上万人的参拜，他们真的解决了我们的问题了吗？其实，这些雕像的作用不是解决困难，而是坚定信徒们的信心，相信自己，相信自己有能力解决自己的困难。命运永远是掌握在自己的手中，不要再去幻想，扎扎实实地努力吧，正如美国的华纳所说："勿问成功的秘诀为何，且尽全力做你应该做的事吧。"

我们的身上可能没有莫扎特的音乐天赋，没有乔布斯身上科技的天赋，但是勤奋、努力、坚持不懈都是我们可以拥有的品质。俗话说，勤能补拙，就算上天没有给我们太多的恩赐，我们依然可能通过自己的努力来改变自己，拯救自己。

梅兰芳小时候非常可爱，圆圆的小脸，胖嘟嘟的非常可人疼，但是对于一个要从事京剧表演的人来说，这些条件只能说是天资欠佳，相貌平平了，更加糟糕的是，梅兰芳天生视力不好，近视眼的毛病使他的眼睛看起来涣散无光，而且眼皮总是垂下来挡住了眼睛，这些先天的条件使梅兰芳无法

第三章　做最好的自己

得到京剧界的赏识，再加上他从小性格内向，不爱说话，更加不善于表达自己的感情，甚至他的大姑母都说他是："言不出众，貌不惊人。"他的师父朱小霞也认为梅兰芳不可能成大气候，说他是"扶不起的阿斗。"

不管自己先天条件多么差，别人眼里的自己是多么的没有前途，但是梅兰芳自己没有放弃自己，他知道自己比别人差，所以需要更加倍的努力，他每天起得非常早，吊嗓子，念剧本，练身段，学唱腔，坚持不懈，拿大顶时眩晕，呕吐，有时还会晕倒，练翘功一站就是一炷香的时间，付出这么多他从没有叫一声苦，因为他深信，只有自己通过不懈的努力才能真正拯救自己，才能让自己从平庸走向成功。

双眼无神，眼皮下坠，他就养一群鸽子，每天把鸽子放飞，然后仔细地观察鸽子的飞行，分辨不同的鸽子。通过这样不断地练习，他终于让自己拥有了一双炯炯有神的眼睛，在台上表演时，谁都看不出他是近视眼。努力总有收获，付出总有回报，经过自己长期不懈地努力，梅兰芳终于成为了名垂青史的一代京剧表演艺术大师。

梅兰芳用自己的力量拯救了自己,他曾经说过:"我是个拙笨的学艺者,没有充分的天才,全凭苦学。" 一代大师就是这样练出来的。不要在为自己的生活环境不如别人而苦恼,也不要再为一时的挫折而郁郁寡欢,美国著名的民权运动的领袖马丁·路德·金说:"在这个世界上,没有人能够使你倒下,如果你自己的目标还站立的话。"站起来吧,让自己做你自己的救世主。

生命的悲哀不在于你遭遇了多少不幸,而在于面对不幸时你选择了逃避,你自己放弃了自己。既然人生注定不会风调雨顺,我们又何必忧郁、悲伤,充满自信地面对人生,用自己的双手打造自己美好的未来!人生是自己的,我们必须对自己的人生负责!

"不经一番寒彻骨,怎得梅花扑鼻香",在人生的道路上,我们难免会经历艰难困苦,在艰难困苦中,我们唯有坚定自己的意志,不断完善自己的人格,陶冶自己的情操,才能真正拯救自己的灵魂,从而走向卓越的人生。泰戈尔说:"上天完全是为了坚强我们的意志,才在我们的道路上设下重重的障碍。"而能够真正帮助我们跨过障碍,走向人生宽广大道的不是我们的父母,不是我们的朋友,而是我们自

第三章 做最好的自己

己！在人生的关键时刻，一个人唯有依靠自己，才能走出困境，走向人生的成功。

莎士比亚出生于一个社会底层的家庭，生活困苦，他的父亲是一位屠夫兼牧场主。在他小时候，父母希望他将来能成为梳毛工，也有人断言他适合看大门，顶多将来是个替人代写文书的操刀手而已。莎士比亚似乎真的不像是只适合干一种职业的人，他身上有着众多职业特长的缩影。莎士比亚对海洋事务方面娴熟准确的用词，令一位职业海军作家竟然宣称莎翁曾经肯定是个水手；而一个神职人员则从莎翁著作中所显示的种种内在迹象里推断他很可能当过牧师的助手；一位善于鉴别马的伯乐则十分肯定地认为莎翁曾经是个马贩子。莎士比亚真可谓是一个演员，在他的人生历程中，他"扮演了无数的角色"，他从自己的经历和观察中收集、积累了丰富多彩的知识。在任何一个事件中，他都是一个生活的细心好学的学生和刻苦努力的工作者。

生活的艰辛，贫困的折磨，并没有消磨莎士比亚勇往直前的人生意志，没有让他退缩。生活让他懂得，唯有自立自强，勇于进取，依靠自己的力量才能走出自己人生的困境。

人这一辈子，就是不断与不幸和困苦搏斗的过程，如果命运注定要折磨自己，要考验自己的意志，那么，也只有自己才能真正拯救自己，自己才能让自己脱离苦海，走向美好的人生！

我们自己就是自己生命的救星，当你遭遇困苦，当你经受贫穷，当你竭力想要改变自己的人生状况，渴求一份美好、幸福、成功的人生时，不要将希望的目光望向他人，不要卑微地乞求他人的援助，你生命的救星就是你自己，在人生的艰难困苦面前，唯有自己才能拯救自己。

第三章　做最好的自己

每个人的身体里都有一颗神奇的种子

每一个生命都是一粒神奇的种子，蕴藏着亟待爆发的能量。只要你用心培育，它就会将能量释放，让种子发芽、开花、结果。

每个人的身体里都有着一颗神奇的种子，这颗种子隐藏着巨大的力量，它等待你的唤起，等待你将它激情的燃烧！这股力量不断地给你的生命注入新的活力，让你铸就人生一个又一个奇迹，打造一段又一段的人生辉煌！

佛陀说，人人都是佛。可是为什么我们绝大部分的人没有达到佛的境界呢？我们每个人从小就有自己的梦想，随着时间的推移，我们渐渐长大的时候，却发现梦想离我们越来越远，特别是生活在城市里的人，每天忙忙碌碌，疲于奔命，到头来还是觉得渺渺茫茫，空虚寂寞，就像赵传的歌里唱的一样，在钢筋水泥的丛林里，在呼来唤去的生涯里，计算着梦想和现实之间的差距。

每当看到身边的人取得各种各样成就的时候，心理就会情不自禁地产生一丝羡慕，甚至是嫉妒，这时候我们往往会找到各种理由来解释这一现象，比如，他们的运气比我们好，他们更加努力，我们没有这么好的命，诸如此类，但是很少有人会把这个问题往更深的方向去思考，其实他们之所以能够成功的原因是在他们自己本身，他们释放出了足够强大的力量，开发出了自己的潜能，把自己身体里那颗神奇的种子培育了出来，并且发芽，开花，结果。

其实我们每个人身体里都有那么一颗种子，不是它不想成长，是我们自己没有给它生长的环境，我们用自己思想创造出来的牢笼把它紧紧的困住了，在一个空气稀薄，没有阳光，没有水分的土壤里面，它如何去生根发芽，如何去开花结果。不要让自己恐惧和欲望的锁把自己锁住。

心理学大师弗洛伊德曾经讲过这样一个故事：

第三章　做最好的自己

　　约翰和汤姆是相邻两家的孩子，他俩从小就在一起玩耍。约翰是个聪明的孩子，学什么都是一点就通，他知道自己的优势，自然也颇为骄傲。汤姆的脑子没有约翰灵光，尽管他很用功，但成绩却难以进入前十名，与约翰相比，他从内心里时常流露出一种自卑。然而，他的母亲却总是鼓励他："如果你总是以他人的成绩来衡量自己，你终生也不过是一个'追随者'。奔驰的骏马尽管在开始的时候总是呼啸在前，但最终抵达目的地的，却往往是充满耐心和毅力的骆驼。"

　　聪明的约翰自诩是个聪明人，但一生业绩平平，没能成就任何一件大事。而自觉很笨的汤姆却从各个方面充实自己，一点点地超越自我，最终成就了非凡的业绩。约翰愤愤不平，以至于郁郁而终。他的灵魂飞到天堂后，质问上帝："我的聪明才智远远超过汤姆，我应该比他更伟大才是，可为什么你却让他成为人间的卓越者呢？"

　　上帝笑了笑才说："可怜的约翰啊，你至死都没能弄明白：我把每个人送到世上，在他生命的'褡裢'里都放了同样的东西，只不过我把你的聪明放到了'褡裢'的前面，你因为看到或触摸到自己的聪明而沾沾自喜,以致误了你的终生;而汤姆的聪明却放在了'褡裢'的后面,他因看不到自己的聪明,总是在仰头看着前方,所以,他一生都不自觉地迈步向上、向前!"

"天生我材必有用",我们也许不适合成为国家领导人,也许不是顶尖的科学家,但是这个世界一定有属于我们的一席之地,不要总是把眼光停留在别人的身上,多照照镜子,看看自己,问问自己的内心,自己是属于哪种类型的人,找到自己合适的定位,慢慢地把自己身体里的那颗种子培育出来,盲目去羡慕或是模仿他人不但会活得很累,而且容易把真正的自己扼杀掉,打开自己的心灵,放飞自己的梦想,会有一个不一样的世界。

在我们突破自我之前,可能正在被埋没,正在一个不适应的环境中苦苦地等待,不要着急,不要气馁,你需要的只是机遇和时间罢了。

第三章 做最好的自己

对自己要求高些

我们每个人都渴望成功,我们用尽一生的时间在追求成功。但决定成功的因素是什么?金钱、地位、教育,还是头脑?让我们看看那些成功人士是怎么说的。

摩根的名字几乎无人不知。他在欧洲发行美国公债,大搞钢铁垄断,并且推行全国铁路联合。他有一次接受某知名媒体记者的采访,当被问及成功的条件是什么时,他曾这样说:"你现在所想的和所做的,将会决定你未来的命运。"

当有个学生问巴菲特和比尔·盖茨是怎样变得比上帝还富时,巴菲特这样回答:"原因不在智商。为什么聪明的人会做一些阻碍自己发挥全部功效的事情呢？原因在于他的习惯、性格和脾气。"对于这一观点，盖茨也十分赞同。

著名心理学家、哲学家威廉·詹姆斯说："播下一个行动，你将收获一种习惯；播下一种习惯，你将收获一种性格；播下一种性格，你将收获一种命运。"我们知道，态度是我们思想的外在表现，而思想又决定行动，行动则决定我们的命运。因此，也可以说最终决定我们命运的是我们自己。

我们除了要生活在现实里，还应该生活在自己的思想里。现实世界也是在我们的思想里做出一定的反应后才被我们接收的。所以，思想可以塑造我们的人生。

我们的人生，就是在寻找着自身的神性，因而我们的人生也都在锤炼自己的心性。因为只有我们的心性才能影响到我们的成败。

刘邦是汉朝的开国皇帝。他以一介布衣而夺得了天下，开创了几百年的基业，这和他的心性是相关的。刘邦是太极性格，亦刚亦柔，亦阳亦阴。所以他可以变化万千，没有什么可以伤得了他。太极的浑圆之中又蕴藏着巨大的杀气，因而他浑身上下也无处不是圆的柔和与攻击的锐气。

刘邦生于一个农民家庭，但他不喜欢务农，于是便出

第三章　做最好的自己

任了泗水亭长。当时这只是个极小的官，连国家的俸禄都没有，但却让他有了接近上层官员的机会。而这时他人性中圆滑的一面便显露了出来，他可以与任何人相处，也可以把众多的人团结在一起。

一次，刘邦奉县令之命带人去修骊山陵墓，但刚离沛县不远便有大量的人逃走。这让他很头疼，因为按照秦朝的律法，如果带的囚徒逃亡过半，那么就会被处斩。在泽中亭，他与囚徒们共饮。到了晚上，便趁夜色解下囚徒身上的绳索，放他们逃走，而自己则逃进山林中去了。从这里，可以看出他的刚，因为他没有墨守成规，而是积蓄力量再待时机。

刘邦所使用的正是太极的特点，他一松一紧，一柔一刚，一慢一快，一虚一实，因此可以演变出千招万势的景象，令对方摸不清头绪。而鸿门宴便是对他这种人性的最好写照。

当时楚怀王曾允诺：先入关者王之。刘邦比项羽最先进入咸阳，所以按理他应该成为关中王。但当时项羽势力强大，尽管刘邦当时已有十余万人马，但与项羽比起来仍处于劣势。项羽进驻鸿门，使刘邦再一次面临危机。

当时项羽打算灭掉刘邦，项伯与张良关系甚好，得知这一消息后，便快马加鞭赶到汉营，把项羽的计划告诉了张良。刘邦闻讯后，邀项伯入帐，举酒为他祝寿并约为儿女亲家，并对项伯说自己丝毫无忘恩负义之心，请项伯在项羽面前替他求情。项伯答应了刘邦的请求，并让他第二天亲自去鸿门向项羽谢罪。刘邦来到项羽的兵营之后，处处表现得谦恭有礼。然后项羽给刘邦设宴，宴席之上，范增几次示意项羽除掉刘邦，但当时项羽被刘邦的假象所蒙蔽，对范增的暗示无动于衷。范增见项羽毫无反应，便安排项庄舞剑，名为祝酒，实为刺杀刘邦。项伯看出了他们的企图，于是也拔剑起舞，并时时用身体保护刘邦，使项庄没有机会接近刘邦。樊哙在张良的安排下闯入帐中，双目圆睁，严厉地斥责项羽："怀王与诸将约定先破咸阳者为关中王。沛公先入咸阳，秋毫无所犯，退军驻扎霸上，等大王你来，派人守关也是为了防止盗贼出入。沛公劳苦功高，你不但没有封赏，还听信谗言欲除之而后快，这岂不是重蹈亡秦的覆辙吗？"项

第三章　做最好的自己

羽脾气一向暴躁，但听完这番话却丝毫没有反应。刘邦知项羽已动摇，于是便借口上厕所离席外出，丢下骑兵，只身骑马，只留樊哙等四人保护，抄小路回到自己军中，摆脱了危险。在这里，他人性中阴柔的一面又得以显现。他知进退，招数顺势而生，则可以静制动，以柔克刚。而项羽则不同，他只知进不知退，不曲折求和，四面楚歌之时本可东渡乌江，但他宁折不弯，只好让乌江成为自己的葬身之地。

　　每个人都渴望能够成功，因为成功不仅意味着财富，意味着地位，还意味着人生最大价值的实现。成功不是某些人的专利，只要你有强烈的信念，你有执着的追求，那么你就一定能够取得成功。这就要求我们要充分发挥自己性格中的优势，就像刘邦那样，哪怕当初只是一介草民，最后却可以君临天下。成功不会偏爱任何人，无论是王侯将相还是平头百姓，它都一视同仁，关键是看你自己。

你创造了自己的人生

  美国作家琼尼·默瑟曾经说过：生活是你自己创造的，假如你会创造，要努力让它美好。微笑吧，世界光华四照，只要你踏上阳关道，悲伤也会变成欢笑。声名也许跑来找你，也许只看一眼，就转身走掉。爱情会把你等候，惠顾你一直到老。你是生活的主人，生活是你自己创造的。
  生活在现代都市的人们，常常很茫然，很无助，充满焦虑感。他们渴望成功，渴望富足，却常常将这样的希望寄托在他人的身上——父母，亲人，朋友；如果身边的人没有人能够让自己走入这一行列，就会抱怨自己命运不济。为什

第三章 做最好的自己

么要将自己的希望寄托在他人身上？你的人生是你自己创造的，不管贫穷还是富有，这都是不可否认的事实。

　　这个世界上，没有人能代替你思考，没有人能代替你行动，没有人能帮你创造你自己的人生，唯有你自己。每一个人，都应该做自己的主宰，创造自己的人生。

　　我们应该认清自己的内心，一个人唯有清楚自己的内心，将目标定位在自己身上，知道自己内心到底要什么，才不会被外部因素所左右。

　　有一群小孩子在一位老人家门前玩耍，打闹喊叫声连天，接连几天都是如此。老人是一个喜欢安静的人，像这样的聒噪实在难以忍受。于是，他想了一个办法。他走出来给了每个孩子25美分，微笑着对他们说："谢谢你们，你们让这儿变得很热闹，我觉得自己年轻了不少。"孩子们接过钱，非常高兴，第二天他们仍然来了，一如既往地嬉闹。老人再出来，给了每个孩子15美分。对他们说："自己也没有收入，所以只能少给一些。"15美分对孩子们来说也还可以了，他们接过钱，兴高采烈地走了。第三天，当孩子们再来嬉闹的时候，老人只给了每个孩子5美分。 孩子们突然很生气，说道："一天才5美分，你不知道我们玩得多辛苦！"孩子们告诉老人说，他们再也不会为他来玩了！

在你的人生当中，你是否也常常为他人而"玩"呢？生活中，如果我们以他人的评价作为自己行动的标准，那么就很容易失去自己内心的主张，被外部事物所控制。因为，外部事物我们是无法控制的，我们能够控制的是我们自己。如果我们将外部事物作为自己行动的评判标准，当外部事物偏离我们内心期望的航道，我们就非常容易产生情绪上的改变，充满牢骚，充满抱怨，觉得他人对不起自己，觉得是他人无法让自己快乐，幸福，无法让自己拥有自己想要的东西。这就导致降低我们自己内心的期望，不好好工作，不好好学习，而这又将直接导致我们的人生越来越走下坡路。恐怕这是我们每个人都不希望看到的事实。

心态是对一个人成长成功是非常重要。一个人唯有转变自己的心态，认清自己是为自己而"玩"，而不是为他人而"玩"的时候，才能创造积极的人生。

大学刚刚毕业的时候，一个电视公司邀请刘蒙（化名）去主持一个特别节目。节目导播非常欣赏刘蒙的文采，希望他能够同时兼任编剧。刘蒙一口答应下来。然而，当节目精

第三章　做最好的自己

彩录完，要领酬劳的时候，导播找到她，对她说："这是二千的主持费收据，你签收二千，但是我只能给你一千，因为这个节目经费早已经透支了。"编剧费更不用提了，没有！当时，刘蒙没有说什么，直接签字了。心理却非常不甘心。心想："君子报仇，十年不晚。"

后来，那个导播又找过刘蒙几次，刘蒙照样帮他做了。

最后一次的时候，那个导播突然变得非常客气，不但没有扣她钱，还说了很多客套话。原来，刘蒙因为在电视台精彩的主持，被新闻部看重，成为了电视记者兼新闻主播。

这样，刘蒙和那个节目导播就成为了同事，虽然不在一个办公室，却难免常常遇到，每次碰面，那个导播都显得有些尴尬。

刘蒙说，刚刚进到电台的时候，她很想去告他一状，然而她忍住了！她突然意识到："没有那个导播自己怎么能获得主持的机会呢？机会是他给的，他是我的贵人，况且他已经知道自己错了，何必再去报复呢？"

后来，刘蒙到美国留学，她的一个朋友跟她抱怨她的美国老板总是给她很少的薪水，而且故意拖延他的绿卡（美国居留权）申请。

刘蒙笑笑，告诉她："这么坏的老板，不做也好。但是总不能白做这么久，总得从他这学点东西再跳槽！"

那个朋友听从了刘蒙的建议，不但每天加班，努力完成工作，还常常花时间背那些商业文书的写法。甚至连如何修理复印机，她都跟在工人旁边记笔记，以便有一天自己出去创业，能够省点修理费。

半年的时间过去，刘蒙问这个朋友："是不是打算跳槽了？"

朋友居然扑哧笑了："不用！我的老板现在对我刮目相看，又升官，又加薪，而且绿卡也马上下来了，老板还问我为什么态度一百八十度转变，变得那么积极呢？"

朋友心里的不平早已消失的无影踪，她"报复"了她的老板，得到了更多的薪水，更高的职位，只是换了一种"报复"的方法而已。

而且，她对刘蒙做深刻的自我检讨。她说当年是因为她自己不努力！

第三章　做最好的自己

生活中，这样的事情我们是不是也常常遇到呢？面对这些"歹人"，我们愤怒，我们心有不甘，但是，记住，正是这些不甘，这些愤怒激发了我们的潜能，让我们运用自己所有的智慧去拼搏，去奋斗，去超越自身的一些局限，拥有走向成功的本领。而且，我们要认识到，愤怒也好，不甘也罢，当我们抱怨命运，抱怨生活的时候，很多情况下，问题更多的都出在我们自己身上。一件事情本没有好与坏的区分，关键就在于自己内心的想法，自己是如何认识的，我们的想法决定了我们的人生！正像华语世界首席心灵畅销书作家张德芬说的："亲爱的，外面没有别人，只有你自己。……我们带着什么样的一种态度和情绪去对待别人，别人就会怎么对待你。"所有的外在的人和事物都是你内在投射出来的结果。你的人生也是由你的内在投射和创造的结果。

世界上最好的"报复"，不是去破坏他人的人生和名誉，而是利用自己的"心有不甘"，努力努力再努力，让自己从平庸走向成功！让自己拥有成功后的开阔的胸怀！

美国作家克里斯汀·拉尔森有这样一段精彩经典论断：

"一个人之所以能有所作为就在于他拥有高人一等的思维能力，就在于他总是奋力超越自身局限，努力进入一个更宏大更高尚的心灵世界。他必须要寻找到一个更为广阔的意识领域，那时候他才能成为一个精神上的巨人。他一定要有成功的生活，呼吸着新鲜的空气，感受着成功的精神。只有那时，他才能拥有成功的思维；而只有始终不间断地思考着成功这个命题，他才能不断走向成功。"

家庭、爱人、孩子、事业，所有一切的一切都是我们自己努力的结果！努力超越自身的一些局限，让自己拥有一颗高尚的心灵世界，我们就能成为自己精神上的巨人，自己美好人生的创造者。

请记住：你有怎样的内在心灵，就决定了你能够创造自己怎样的人生！你是自己人生的创造者！

第三章　做最好的自己

找出你与别人的差距

你与别人的思想差距,就是你落后于人的一个重要因素。欧洲有一句名言:"一个人自我思想决定了他的为人。"行为是思想的结果。人的外在言行必然反映了他思想的高度。无论他的言行是自然的还是刻意的,都是由内心隐藏的思想的种子萌发出来的。一个人看到自己与他人的行为差距时,就该先审视一下自己的真实的思想。

我的一位好友仅仅26岁就博士毕业,在许多人眼里,她是一个很了不起的女孩,家乡的人都说她是一个才女,认为她很聪明,我也一度认为她不是一个一般的人。在和她相处的一段时间里，我曾不止一次地观察她的一举一动，最后我得出的结论是：她也只是一个一般的人，没有比我聪明多少。但她为什么会在很短的时间内取得那么好的成绩，仍然让我难以理解。一天我终于忍不住问她这个问题，她笑着给我讲了这样一个故事："还是在上中学时，我的成绩一直都是很平淡的样子。有一次，我观察那些比我学习好的同学时就问自己：我与他们有什么不同，他们在干些什么？我应当好好研究一下。我发现一件很重要的事，他们有一个重要的特点，就是充满信心，善于思考，并能不断地总结经验，寻找更好的学习方式。从那时起，我反复思考，后来发现，我不是一个很有信心的人，更不会找学习方法。这就是我与别人的思想差距，从那以后，我努力改进自己的学习方法并坚持下去，慢慢地我发现自己同样可以做到最好。"

我哥哥曾是一名普通的中学教师。他的朋友与他的条件差不多，但通过自己奋斗薪水却比他高，住在高级别墅区。哥哥一开始很困惑，究竟自己什么地方不如他们？和那些朋友交谈之后他找到了症结所在，他发现自从他懂事以来，他

第三章 做最好的自己

就对自己不是很自信，总有心理压力，害怕自己无法取得成就，他总是认为自己无法成功，也不认为自己可以改变这一点。于是，他痛下决心，改掉自己身上的这些缺点。他辞掉了自己的工作，一个人跑到北京通过面试，进入一家公司。如今的他已经成为了公司经理，别人得到的，他也已经得到了。

在上面的例子中，他们的成功都被牢牢地掌握在自己的手里，那是因为他们看到了自己身上存在的缺点以及与别人的差距。他们有勇气面对一个真实的自己，又能够有勇气打破自己身上的束缚，所以，他们成功了。这就是一个人可以成功的理由。

心理学家马斯洛提到一个自我接受的概念。他说："新近心理学上的主要概念是：自发性、解除束缚、自然、自我接受、敏感和满足。"我们的心灵因为罪恶感，以及过去和现在所犯的种种过错而自惭形秽，我们渐渐缺乏了自我尊敬和喜爱自己的能力。为了学习喜欢自己，我们必须面对自己的缺点，容忍自己的缺点，这并不是不思进取、懒惰或是其他的什么，只是表示我们必须认识到没有人可以百分之百的优秀。要求别人完美是不公平的，要求自己完美也是荒唐的。所以，千万别苛刻地对待自己，我们需要做的是接纳自

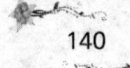

己，寻找可以让自己进步的突破口。

不喜欢自己的人，常表现为过度的自我挑剔。适度的自我批评是有益的，有助于个人的发展，但超过了一定的度就会影响到我们的积极性。如果一个人在做一件事时，过分的自我挑剔让自己显得笨拙、胆怯，没有勇气进行后续的工作，所以也不会成功。这样的话，他最大的敌人也就是他自己了。没有什么事可以难倒一个人，只要你相信自己，你一定可以做到。一个普通人与一个成功者之间的差距在于心理的差距。能否认识自己，改变自己的差距，面对一个真实的自我是成功者成功的依据。扬长避短是成功者成功的途径，弥补差距是成功者成功的途径。

第三章　做最好的自己

知道你是谁

认识别人容易，认识自己却很难！你是谁？你认识自己，了解自己吗？正如那古老的寓言中所说，人生在世，每个人的颈上都挂着两只袋子，前面装的是别人的过错，这过错摆在自己的面前，看得清清楚楚，真真切切；背后装的是自己的过错，既看不见，也不容易感觉到。如果我们每个人都能够经常打开自己背后的那只袋子，看看自己，那么，我们便能真切地认识自己，认识"我"了。认识了自己，也便能以此设立正确的人生目标，把握自己的命运了。

"我是谁？"每个人在这简单又复杂的人生哲学问题上

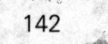

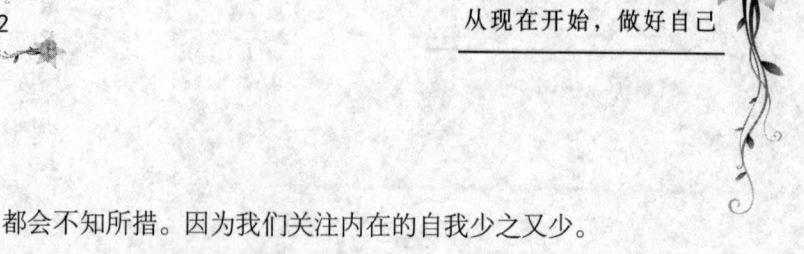

都会不知所措。因为我们关注内在的自我少之又少。

"什么动物早晨四条腿走路，中午两条腿走路，晚上三条腿走路，腿最多时最无能？"

你知道这个谜语的谜底吗？

这个谜语出自古希腊神话故事《俄狄浦斯王》，叫"斯芬克斯之谜"。

梁漱溟说："人类不是渺小，是悲惨；悲惨在于受制于他自己（制与受制是一）。深深地进入了解自己，而对自己有办法，才得避免和超出了不智与下等。这是最深渊的学问，最高明最伟大的能力和本领。"

人生来总是受着有形和无形的制约，社会、传统、风俗、知识等等我们所了解的一切，都影响着我们，奴役着我们。唯有静心才能真正让我们认识自己，让我们的心变得敏锐。也只有摆脱了外在所有的束缚，没有丝毫约束的心灵，才能调动全身所有器官来觉知自己当下的力量。也只有在这样的状态中，你，才成为了你自己真正的主人！

生命的本质是舒展，而非抑制。舒展自己，将生命的每一个潜力释放，让我们的生命回归自然的轨道上。

我们每个人一生都会经历三个阶段，"你应""我

第三章 做最好的自己

要""我是"。但在我们幼年时，由于我们和父母生活在一起，就会感受到非常的幸福；当我们成长到青少年时，我们就会通过自己的努力，而实现自己的人生价值；当我们到成年时，由于我们已经有了一些人生的阅历，就会给自己形成一种幸福状态，我们把这种幸福状态宣布为"我是"而体味喜悦。一些人"我是"的状态来得很迟，几十年，甚至一辈子都过去了，还一直都在"你应"的状态中。一些人随着成长自我意识有所转变，从"你应"过渡到了"我要"，一直处于"我要"的状态中。还有一些人则很早就开始了"我是"的征程，在这些人眼里，"我是一切的根源"。

是的，你是一切的根源！

认识到这一点，你便自知了，便找到了自己的人生定位，知道自己在什么时候应该做什么，应该追求什么，放弃什么。自知了也就活得明白了，活的真实了。西方有一句谚语：如果一个人知道自己想要什么，那么整个世界都会为之让路。

不自知就导致自己活不明白，人生在世几十年，不知道自己要干什么，想干什么，干了些什么，更无所谓幸福、快乐和成功了。

从前，有一个僧人去禅师道场参学。他到的时候，禅师正在锄草，突然草丛中钻出一条蛇，禅师见状举起锄头便砍。僧人见了很不以为然，说道："我一直仰慕道场慈悲的道风，然而今天到了这里，却只看见一个粗鲁的俗人。"

禅师说道："像你这么说话，到底是你粗，还是我粗？"

僧人仍不高兴地问道："什么是粗？"

禅师放下锄头。

僧人又问："什么是细？"

禅师举起锄头，做出斩蛇的姿势。

僧人不明白禅师的意思，说道："你所说的粗细，真让人无法了解！"

禅师反问道："且不要依照这样说粗细，请问你在什么地方看见我斩蛇？"

僧人毫不客气地道："当下！"

禅师用训诫的口气道："你'当下'不见到自己，却来见到我斩蛇做什么？"

僧人终于有所省悟。

第三章　做最好的自己

多少年来，我们在妈妈的衣食下长大，在老师和尊长的教导中成长，在前人的圣贤书中一步步走向前方，我们总是活在他人口中的世界里，我们总是说："请告诉我，这是什么，那是什么？"那么我们自己呢？作为个体人的"我"究竟是什么？

有个声音在告诉你："请先认识自己！"

也许你有着万贯的家财，也许你有着很高的学历，然而，如若你不认识自己，你也仅是一个有着万贯家财，有着高学历的愚笨之人！

认识了自己，人就有了灵性，有了自我的目标，有了自我的创造，所有的一切都带着自己的创造力。

打开围困自己的笼子，生命才可以如自由的鸟儿般飞翔，灵魂才可以畅快地欢笑。打开自我设置的牢笼，让你自己走出来把！走出来，你才能感受生命巨大的能量，感受自己飞翔的灵魂，体会幸福、完满的生命！

每个人不妨问一问自己："我是谁？"当你能够给出自己一个满意答案的时候，你也就活出了自己，你的人生也就真正地开始了。

和自我对话

每个人的镜子里都有一个自我的影像,他(她)或漂亮,或娇小,或高大,或魁梧,我们每天都要审视几遍这个镜子里的自己,上班之前看看自己是否衣着得体,逛商场的时候看看自己穿上某件衣服是否光鲜亮丽,去约会的时候更要反复观察自己是不是足够吸引对方的注意……

我们总是尽可能地让别人眼中的"我"更符合他人或环境的标准。我们把生活中所获得一切精神和物质上的美好都献给这个我,让他亮丽照人,给他美味佳肴,让他获得周围人的赞扬,使他得到社会的认可。

第三章 做最好的自己

这个我,就是别人眼中的自己,可以被他人所认识、所评价的那部分。

然而,我们还有一个"我自己",它存在于我们隐秘的内部,或善良,或邪恶,或娇羞的一个家伙。别人无法完全深入地看见"我自己",也无法深入地了解"我自己"。

镜子里的自己只是供他人和外界所审视的一个形象,内在的"我自己"才是神秘的不可测量的个体的本源。

很多时候,我们会模糊镜子里的自己和"我自己",会迷惑或彷徨,那个踩着高跟鞋游离于各色人群中间的我是"我自己"吗?那个在会议室和领导争得面红耳赤的几近疯狂的家伙是"我自己"吗?那个在单位雷厉风行干练果断的我是"我自己"吗?那个胆小懦弱不知道如何表达的我是"我自己"吗?

于是,我们在寂静的午后,一个人在阳台的躺椅上静静思索,深深寻找,将镜子里的自己远远抛掉,思索"我自己",寻找"我自己"……

有的人会发现,镜子里的自己原来就是我自己,有的人会对自己说,噢,不,那个只是镜子的我,不是我自己……

我们的思维常常抛离原来的轨道,在镜中除了我和我自

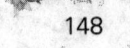

己之外，还有一个理想中的我常常映现，我们希望自己像赵雅芝一样拥有不老的容颜，我们希望自己拥有钱钟书般犀利的文笔，我们希望自己有芭菲特的财富……

"每个我"之间常常出现矛盾，如何协调三者的关系？

尽可能地找到"我自己"。我们的生命终将会走到尽头，所有或美丽或浮华的外表终将散去，镜中的自己将会如风雨般消散，永久留下的是"我自己"，是由内在灵魂散发的气息，它承载着我们生命的终极意义，任凭风吹雨打，犹如磐石般坚挺屹立！

让镜中我和"我自己"没有太大差距。当一个人长久地游离于我自己之外，它会感觉疲惫，感觉不被理解，感觉无法发挥自己的强项，那么，尽可能让镜中我拉近和我自己的距离。那么，你的内心也会愈来愈和谐。

让理想中的我基于现实。理想中的我是为了让"我自己"更好地发展，当她基于现实，且符合社会要求和期望时，会指导"我自己"积极适应并作用于内外环境，从而使"我自己"获得快速发展。

我们协调好了三者的关系，那么我们就是一个自我形象健康而明确的人。

第三章　做最好的自己

什么对自己最重要

每个人的一生都是在忙忙碌碌中度过，我们追求名誉，追求财富，追求幸福。我们有着自己的个性和优点，我们努力奋斗，努力让自己满意和幸福，过上理想中的生活；我们也不可避免地有着这样那样的缺点。然而，在你终其一生的追求中，你觉得令自己感觉更加美好、更加快乐的是什么呢？怎样的成功对你来说更重要呢？说得更确切一些，你如何感觉自己是成功的呢？如何去感觉自己的快乐和幸福呢？

答案就是，打开你的心门。心门是世界上最难打开的一扇门。唯有敞开我们的内心，睁开我们的心眼，我们才能看

清自己，找到自己，进而更好地看清这个世界，在这个世界中找到自己的一席之地。

静下心来，问问自己："什么对自己来说才是最重要的？"不要在自己老了的那一天，才发现，自己倾其一生所追逐的，只是别人眼中的美好和成功！

现实生活中，很多人难道不是这样吗？被所在的环境所同化，被周围其他人的观念所影响，盲目地去追求一些东西，却忽略了自己内心最想要的，或是根本不知道自己到底需要什么，内心里最想要什么。往往是"别人觉得好从而自己也觉得好"，真是这样的吗？你有问过自己的内心吗？人和人是不一样的，对别人来说好的东西，可对自己来说却未必是那样。其中的一部分人终有一天会发现，自己内心里所相信的最重要的东西和他一直以来被影响、被告知的所谓的最重要的东西，是大相径庭的，这时才恍然大悟，真正认识了自己，了解了自己，"噢，原来这才是真实的我！这才是我真正想要的东西！"而另一部分人，终其一生，都生活在别人的世界中，生活在别人所认为的或美好或成功或幸福中，他花费一生时间也没有活出自己。这难道不是一种人生的悲哀吗？

第三章 做最好的自己

打开心门，找到对自己来说最重要的东西，才会让我们的言行和心灵和谐一致，人生的路才会越走越通畅；否则，忽视我们的内心，总是追逐着他人的追逐，我们往往将自己丢入痛苦的深渊，感受不到内心的快乐和幸福。我们可以做自己的第一名，为什么要跟着别人后面做第二名或者第N名呢？

心是人身上最难管理的一样东西，打开心门。找到自己，人生才不会有遗憾。

或许有的人会说，我知道什么对自己最重要！那就是内心一份平实而温暖的爱情！

可是，当你发现身边人都穿着漂亮的衣服、鞋子，过着舒适的生活，而你却只能朴朴素素时，你非常郁闷，你充满抱怨，你变得易怒，"我为什么要生活在这样的生活中？你看某某还不如我优秀、漂亮，为什么却过着富有的生活？我再也不想过这样的生活了！"这时，你还会说，平实而温暖的爱情最重要吗？很显然不是。你对拥有财富、对优越物质生活的反应明显大过了平实的爱情。这时，对你来说，最重要的是财富，财富赋予你的优越的物质生活！你无法拥有它，所以你变得充满抱怨，变得暴躁，变得忧虑。这个"你"是因为当前财富不能满足自己而变得忧虑和愤怒的外在的那个你。于是,这样的愤怒和忧虑让你使尽自己的浑身解数去追逐财富,追逐财富带给自己的优越生活,你离内在的那个认为平实而温暖的爱情最重要的那个你越来越远。

如果在你心中,真的觉得平实而温暖的爱情最重要,你认定了那个人,那么你的言行就会和你的内心和谐一致。面对当前生活的窘迫,面对其他人富有的生活,你会表现得内心平和,而毫不在意。面对自己当前的爱情现状,你的内心会发出积极的、充满力量的反应。因为你想要的只是你和他的一份平实的爱情,而不是其他。

其实,上帝赐予每一个人真正去理解自己的机会,他会用他自己的方式,告诉你,让你知道,什么对你才是最重要的!而你对人对事的反应,正是别人评价你如何做人做事的重要指标!而凡世中的我们,却常常对上帝的美意视而不见。因此,出现我们上面说的终其一生,都没有活出本真的自己!

现实中,我们常常追随着外在的那个我,将内在的自我隐藏在心底最深处,不断打压着他,使得他动弹不得,无法翻身,以致到最后,我们已经忘记了还有这样的一个我,而这样的你才是真正的你,那个人才明白对自己来说最重要的

第三章 做最好的自己

东西是什么，才能真正让自己走向成功，走向快乐！

打开自己的心门，追随自己的心灵，一个人的潜力才会被最大限度地发挥出来，被无限制地释放，他才会在所从事的事业中做得游刃有余，在生活的航道上顺利前行，才会过得更加幸福和快乐。因为，他的生命回到了自己的轨道上，在自己的轨道上才能挥洒自如，毫无羁绊！

打开你心灵的外壳，生命才可以展翅高飞，灵魂才可以开怀大笑。扒开紧紧箍住自己的厚厚的外壳，让心灵走出来吧！这个你有着非凡的力量，有着自我的主张，她让你驰骋，令你翱翔；她给你快乐，让你舒张自己的翅膀！

打开自己的心门，跟着灵魂的翅膀飞翔，才能真正融入生活，品尝幸福，才能真正走进生命，体味生命的巨大能量。如果有一天，你从痛苦中走出来，你感受到了幸福的光芒，品味到了成功的喜悦，我猜，你一定是打开了自己的心门，看到了完整的自己，听从了自己内心的呼唤！于是，你拥有了美满而丰盛的人生！

听从自己内心的声音

生活中，我们常常受到他人的影响，一件事情常常因为他人的一两句言语，或者是某种行为，就改变了自己的初衷。多听听自己内心的声音，有自己的想法和主见，不要盲从他人，被他人的论断阻挡了自己前进的步伐。

生活中，消极看待问题的人很多，他们不仅自己消极，还将这种情绪转移给他人，去粉碎他人的梦想！然而有的人总是能够在这些人面前当一个聋子，对他们所说所讲，充耳不闻，让他们的消极言论无可乘之机。

曾经有人采访凤凰卫视的曾子墨，问她："你为什么

第三章　做最好的自己

可以放弃华尔街银行收入丰厚的工作而加入凤凰？"曾子墨回答："我以前也是一直都是笼罩在华尔街这个耀眼的光环下，别人都认为在那工作有很好的收入，相当体面，但是，现在我想明白了，人不能为别人的看法而活着，而更多应该听从自己内心的声音！"

是啊，听听自己内心的声音，你到底想要什么，不要让众人嘈杂的议论淹没了你内心世界的呼喊。

迪斯尼动画《长发公主》讲了一个故事：

巫婆为了把长发公主留在自己的身边，保有自己的美貌，不停地用谎言蒙蔽她："不要走出高塔，不要跟外面的人接触，外面有毒蛇，有野兽，妈妈对你最好了，妈妈不会骗你的，妈妈是世界上对你最好的人！"她用谎言阻挡住了长发公主观赏外面美好世界的去路，束缚了她本该有的聆听自然，聆听鸟鸣的权利。

长发公主挣脱了巫婆的美言，她要听从自己内心世界的声音，她要去看外面的世界，外面的花花草草，去看那自己心往已久的天灯。

当她真实看到世界，真实感受这个世界时候，才会发

现世界的真相！

　　每个人在生活中为人做事有时候不可避免地会遭到别人的反对或批评，甚至非议或白眼，这是我们为生活，或者说为自己的决定所付出的代价。我们要坚持自我的主张，自己的想法，就要承受这样的代价。以这样的代价换来我们自己的真实存在，算一算，该是划算的吧！

　　在我们身边，总有一些人时刻支持着我们的想法，给予我们信心；也有一些人，时时刻刻打击着你，告诉你，这是不现实的，你做不到，现在再做太晚了，就像上面案例中那些青蛙一样……支持固然给了我们信心和前进的勇气，打击也并非说明他们就是对的，或许那只是他们认识的局限性。你的梦想最终能否实现，真正有着决定性意义的还是你自己的观点，你想要如何！

　　你可以放弃自己，听从他人的主张，受制于他人的思想，可是你问问，你自己呢，你存在的意义呢？你只是为了迎合他人的主张而活的吗？他们的说法就是正确的吗？为什么不能像那只爬到塔顶的青蛙一样呢？

　　我们总是被外在的东西束缚着，用一个厚厚的膜裹着自己。将一个包裹着厚厚外壳的我展示给大家……今天这个

第三章　做最好的自己

说，女孩就要本本分分，做什么企业，便老老实实相夫教子；明天那个说，当律师多好啊，你有这么好的机会！于是就要报考律师；后天那个又说了……身边人总是有着丰富多彩的想法和言论……

墨西哥的一部电影《美丽的秘密》中有一句令人印象深刻的台词：人们的想法和做法常常不是一回事，所以世界才变成这个样子。

是啊，我们常常受到外界各种因素的影响，使得我们违背自己内心的真实的想法。我们只有在闭上眼睛的那一刻才会发现，世间一切都是虚无的。

我们小的时候，会毫无顾忌地跟大人说自己喜欢什么，讨厌什么，也会有自己的理想，想要做个什么样的人，虽然那只是儿时单纯的一个小小愿望，但是那是我们自己内心的真实想法！人，为什么长大以后，反而丢掉了自己呢？有个声音说："那是因为你在乎了太多他人的言论，他人的眼光；因为你，总是让他人左右着自己。"你成长了，成熟了，却变得行事谨小慎微，瞻前顾后，也没儿时那无邪的欢笑了。

问问你自己："你是在为自己而活吗？"

我们选择一条路前行,不是因为前方有掌声,也并非那奖品诱人,我们只是听从自己内心的声音,遵从自己内心的声音去前行,活出自己。我们追求的是内心的一种满足和快乐。或许我们付出了代价,受到了伤痛,遭遇了别人的议论纷纷,可这又有什么关系呢?相比这份成功,这份满足,这种内心的丰盈,一切都是值得的。

你听从过自己内心的声音吗?你清楚自己内心深处的想法吗?

听从自己内心的声音,做一个对自己内心真诚的人,才能释放出真正的自己,才能最大限度地发挥出自己的潜力,到达人生的顶峰,实现人生的辉煌。

杨澜在演讲《做最好的自己》时说:

"……我觉得要对自己很诚恳,比如说你要选一个工作,我希望大家能够找到是自己热爱的工作,因为做任何工作都是非常辛苦的,唯有做一件你热爱的事你不会抱怨,因为这个世界上如果你又辛苦又抱怨我觉得这个日子太难过了,所以我想就是遵从你内心的声音选择你真正爱的事业,选择你真正爱的那个人,然后我觉得这个是最基本的一个准

第三章 做最好的自己

则。那么，一个社会如果说它是好的社会的话，它是应该让人们能够各尽其才，每一个人不同的才华都在不同的位置上能够有展现的机会。如果一个企业很好的话，他会让每一个员工成为最好的自己，无论他是适合做财务、还是适合做管理、还是适合做销售，他有自己的才华可以来展现。如果一段感情，我觉得最好的感情一定不是一个人牺牲自己成就另一个人，或者说一个人完全淹没自己的价值去躲在另外一个人的阴影里，我不相信这样的感情是健康的感情。我认为一段最健康的，最好的感情就是让这个关系当中的两个人，都有机会成为更好的自己。当我作为妈妈的时候，我觉得特别的幸福，不仅仅说我有两个孩子可以去爱，我是觉得这两个孩子不断的提醒我，我应该做更好的自己，所以我想如果我们是一个有爱、有责任感的人的话，在最重要的节点上我觉得都不要被诱惑。其实在我比较短暂的商业道路上遇到过几次比较大的诱惑，就是说，也许你不遵守某一个诺言的话，你会马上得到很大的经济上的回报，但是现在回头想起来，比较骄傲的就是在那些时候我都遵守了诺言，遵守我自己心目中的原则，因为我不想自己看不起自己。但是事后呢，过了若干年以后你会发现，你的这些决定都是非常好的，因为它影响了你的口碑，影响了周边人跟你相处的关系，你会得到更大的经济上的利益，如果是从功利的角度来看的话。所以我想遵从自己内心的这种真实的声音是任何选择的基础。"

苹果公司总裁斯蒂夫·乔布斯在2005年斯坦福大学毕业典礼上给予年轻人忠告：

你们的时间有限，所以不要浪费时间在别人的生活里。

不要被信条所惑——盲从信条是活在别人的生活里。

不要让任何人的意见淹没了你内在的心声。

重要的，拥有跟随内心和直觉的勇气。

你的内心与直觉知道你真正想成为什么样的人。

任何其他事物都是次要的。

安静一会儿，给自己些许时间，静静聆听自己内心的声音！

第三章　做最好的自己

踏实

我们如何做一个最踏实的自己呢？斯托克博士说："那就是智慧和才能，只有被交给那些会使用的人。通过使用我们的肌肉力量，我们的身体变得更强壮；通过使用我们的思想，我们的智力增加了；通过使用我们的精神力量，这些力量也得到了增强。我们不会因为思考而使智力减退，也不会因为显示了爱和同情心而使精神感到疲倦。"只要我们能够面对一切，我们就能做一个踏实的自己。

我们怎样才能铲除一切阻碍，做最踏实的自己呢？我们知道，大凡有所作为的人，都是障碍跑中的胜利者，在他们看来，无论是面对工作还是生活，只有经历大量的痛苦、大量的磨难，才能做一个最踏实的自己，只有排除一切困难，才能以一种大智大勇的精神去与困难作斗争。

从前，有个流浪的艺人，虽然才四十几岁，但是骨瘦如柴，形容枯槁，医生诊断结果是肝癌末期，临终前，他把年仅十六岁的独子找来，叮咛着："你要好好读书，不要像我一样，年轻力壮的时候不奋发图强，到了老年，悲伤也没用了。我年轻时好勇斗狠，日夜颠倒，烟酒都来，正值壮年就得了绝症。你要谨记在心，不要再走我的老路。我没读什么书，没什么大道理可以教你，但你要记住《长乐府诗集·长歌行》这首诗："百川东到海，何时复西归。少壮不努力，老大徒伤悲。""

说完，他咽下最后一口气，十六岁的儿子却仍然两眼发呆地站立一旁。

长大后，他儿子仍然在酒家、赌场闹事，有一次与客人起冲突，因出手过重而闹出人命，被捕坐牢。出狱后，人事全非，发觉不能再走老路，但是却无一技之长，无法找个正当的工作，只好下定决心，回到乡下，靠做一些杂工维生。

第三章 做最好的自己

　　由于他年轻时无法体会父亲交待的遗言，耽误了终身大事，年近半百才成婚。虽然年事渐长，逐渐能体会父亲临终前交待的话，但似乎为时已晚。他的体力一天不如一天，一年不如一年，面对着无法撑持起来的家，心里有着无限的忏悔与悲伤。

　　有个夜晚，他喝点酒，带着酒意，把十六岁的儿子叫到跟前。他先是一愕，这不就是当年十六岁的我嘛！父亲临终前交待遗言的景象在脑海中显现，有些自责地喃喃自语："我怎么没把那句话听进去啊。"

　　说着，眼泪直滴脸颊，儿子站在面前，懂事地安慰着："爸爸，您喝醉了，早点休息吧！"

　　"我没有醉，我要把你爷爷交待我的话告诉你，你要牢牢记住。"

　　"爸爸！什么话这么重要呀！"

　　"当年你爷爷临终时让我记住一首诗：'百川东到海，何时复西归。少壮不努力，老大徒伤悲。'可是我当时没有听进去，也没有明白其中所指的含义。结果我用一生的代价才明白了这首诗的道理,但为时已晚。"

  所以,一个人要想走向成功,只有踏踏实实地做事,老老实实地做人,这样才能走向成功。但是,在我们的生活中,大多数人却没有这样做,他们总是得过且过,做一天和尚撞一天钟,结果浪费了大好时光。事实上,如果我们能够从今天起专注地去做好一件事,我们就会走向成功,只要我们能够明白一个按照自我愿望行动的人,可以胜过一个处处受束缚的天才,那么我们就能感觉到我们无论是年轻还是年老,贫穷还是富有,我们都能保证自己一生都在追求成长,让生命中的每一天都过得快乐、富有和进取,我们就会愿意去迎接挑战并与他人分享。只要我们具备了这种踏实做人的态度,那么我敢保证,我们就一定会成功。

第三章　做最好的自己

挑战自己的极限

　　一位哲学家曾经告诉我们：一个人只有确定自己在生活中做最好的自己，才会越来越接近成功，直至最终获得成功。他说："财富、名誉、地位和权势不是测量成功的尺子，惟一能够真正衡量成功的是这样两个事物之间的比率：一方面是我们能够做的和我们能够成为的，另一面是我们已经做的和我们已经成为的。"

　　同样的，每个人的生活都会面临我们的信仰和决心的挑战。然而，当挑战到来，我们就会全身心地投入到事业的挑战中去，我们就不会再停留，而是立即采取行动，去与困难

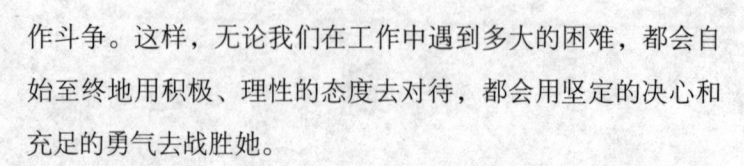

作斗争。这样，无论我们在工作中遇到多大的困难，都会自始至终地用积极、理性的态度去对待，都会用坚定的决心和充足的勇气去战胜她。

巴顿将军有句名言："一个人的思想决定一个人的命运。"不敢向高难度工作的挑战，是对自己潜能的画地为牢，只能使自己无限的潜能化为有限的成就。与此同时，无知的认识会使自己的天赋减弱，不敢去挑战自我，甘于做一个平庸的人，这样的人一辈子会像懦夫一样生活，终生无所作为。

巴顿将军在校期间一直注意锻炼自己的勇气和胆量，有时不惜拿自己的生命当赌注。

有一次轻武器射击训练中，他的鲁莽行为使在场的教官和同学都吓出了一身冷汗。事情的经过是这样的：同学们轮换射击和报靶。在其他同学射击时，报靶者要趴在壕沟里，举起靶子，射击停止时，将靶子放下报环数。轮到巴顿报靶时，他突然萌生了一个怪念头：看看自己能否勇敢地面对子弹而毫不畏缩。当时同学们正在射击，巴顿本应该趴在壕沟里，但他却一跃而起，子弹从他身边"嗖嗖"地飞过。真是

第三章　做最好的自己

万幸，他居然安然无恙。

另一次是他用自己的身体做电击的实验。在一次物理课上，教授向同学们展示一个直径为12英寸长、放射火花的感应圈。有人提问：电击是否会致人死命？教授请提问者进行实验，但这个学生胆怯了，拒绝进行实验。课后，巴顿请求教授允许他进行实验。他知道教授对这种危险的电击毫无把握，但巴顿认为这恰是考验自己胆量的良机。教授稍微迟疑后同意了他的请求。带着火花的感应圈在巴顿的胳膊上绕了几圈，他挺住了。当时他并不觉得怎么疼痛，只感到一种强烈的震撼。但此后的几天，他的胳膊一直是硬梆梆的。他两次证明了自己的勇气和胆量。

"我一直认为自己是个胆小鬼，"他写信对父亲讲，"但现在我开始改变了这一看法。"

巴顿将军毕业于西点军校，对西点学员来说，这个世界上不存在"不可能完成的事情"。不断挑战极限是每个学员的乐趣，只有超乎常人的困境才会让他们从中得到锻炼。

在现实生活中，我们只有具备一种挑战精神，也就是勇于向"不可能完成"挑战的精神，才是我们获得成功的基础。

当然，在挑战自我的过程中，我们需要鼓足勇气，去做自己应该做的事，去充分发挥自己的才干、机智与能力，不以到达终点为最终目的，即使到达终点了也要继续前进，永不休止，勇往直前，不怕失败。尽管在这个过程中会经受人生中所有的艰难困苦，但也要意识到这只是一个过程，只有自己永不言败，永不放弃，向自己挑战，才能走向成功。看看那些颇有才学的人，他们具有很强的能力，而且有的条件还十分优越，结果却失败了，就是因为他们缺乏一种挑战自我的勇气。他们在工作中不思进取，随遇而安，对不时出现的那些异常困难的工作，不敢主动发起"进攻"，一躲再躲，恨不得避到天涯海角。他们认为：要想保住工作，就要保持熟悉的一切，对于那些颇有难度的事情，还是躲远一些好，否则，就有可能被撞得头破血流。结果，终其一生，也只能从事一些平庸的工作。

我们面对这样的人，能为他做些什么呢？一个人一定要有自己的目标，要有信心，并且要有自己的价值观，只有这样，我们在挑战自我时，才能不断地问自己：我要去哪里？我现在的目标、信仰和价值观在哪里？现在它们要带我到哪里去？我是否正朝着我想要去的地方前进呢？如果我一

第三章　做最好的自己

直照着这样走下去的话，我最终的目的地是哪里呢？所以说，人生最大的挑战就是挑战自己，这是因为其他敌人都容易战胜，唯独自己是最难战胜的。有位作家说："把自己说服了，是一种理智的胜利；自己被自己感动了，是一种心灵的升华；自己把自己征服了，是一种人生的成熟。大凡说服了、感动了、征服了自己的人，就有力量征服一切挫折、痛苦和不幸。"

第四章 放飞心灵

第四章　放飞心灵

心态决定命运

心灵导师赛斯说："世间万相皆由心生。你眼中所见的世界，就像一幅立体画，每个人都在作画的过程参与了一手。作画者本身也作为画的一部分而出现在画中。外在世界无一理不是源生于内，也无有一动不是先发于心。"

走在沙漠里，饥渴难耐，悲观的人看了，或许会说："怎么才半瓶水！"而乐观的人看了，就会说："呀，太好了，还有半瓶水呢！"同样的事情，同样的境况，而得到的却是完全不同的答案！原因在哪里？心态！面对生活中的不幸，乐观的人总是能够以积极的心态去思考他，于是事情正

像他们所期望的那样向好的方向发展！而悲观的人却总是以消极的态度去观看，于是事情也就越来越像他们设想的那样糟糕！我们心中的所有想法，都会反映给外在世界，你心中有什么，你的生命中就会发生什么。

有兄弟两个人，性格截然不同，一个过分的乐观。而另一个过分的悲观。于是，父亲就想出了一个办法，对这两个兄弟的性格进行一番改造。一天，父亲买来很多漂亮的新玩具，他将这些新玩具放在屋子里，让悲观的孩子去玩。然后，又把乐观孩子送进了一间堆满马粪的车房里，父亲就外出去做自己的事情了。几个小时过去，父亲回来了，还没有打开家门，就听到了悲观的孩子声嘶力竭的哭声，父亲推开门，走进去，问那个孩子："你怎么不玩那些玩具呢？那么多种类，你想玩哪个都行，有很多种玩法的！"

"可是，玩玩就会坏的！"孩子仍在抽噎！

父亲听了，不免叹了口气。

他转身走出房间，来到车房，发现那乐观孩子正兴高采烈地在马粪里掏着什么。

孩子发现了爸爸，高兴地喊起来："爸爸，爸爸！你快

第四章　放飞心灵

过来！我想马粪堆里肯定还藏着一匹小马呢！"语气中带着兴奋和得意。

乐观是我们内心的乐观，悲观也是我们内心的悲观，这一切的根源都是出自于我们的内心，而事情的本身往往不带有任何的色彩，之所以不同的人有不同的看法，是因为我们内心有一双有色的眼睛，所以，所有的事情在这双眼睛里都是同一个颜色，而令人不幸的是，很多人心灵眼睛的颜色是灰色的，是不幸和悲观。

悲观使人闭塞，乐观使人开放，当悲观的眼睛看到了太多的悲观，于是不幸就坚定地跟随了自己。然而，你要知道，这个不幸的灵魂不是别人强加给我们的，而是自己消极思维不断地积累出来的。如果不去改变我们心灵眼睛的颜色，这个不幸的灵魂终有一天会让我们窒息。为什么不换一种颜色呢，尝试着去看到生活中积极的一面，去发现他们的优点，在不幸的灵魂窗口上打一个孔出来，这时我们就会看到有阳光照射进来，让阳光洒满你的全身，浑身舒坦，于是第二束阳光也跟着进来了，慢慢地，不幸的灵魂支离破碎，灿烂的阳光环抱着你。

生活中，为什么很多人总是有着好的运气？因为他们认为

自己好运!

　　生活中,为什么很多人总是遇到倒霉的事情?因为他们总是消极地认为自己很倒霉!

　　你心里有什么样的想法,就会出现什么样的生活!是你的心态左右了你自己!然而,我们的心态,我们内心的任何预言系统都是由于我们自己思想的传输才最终产生结果的!

　　如果你想,你有着内心坚定的信仰,你也可以让自己拥有快乐幸福的生活,也可以创造自己不菲的财富,也可以找到自己心爱的人牵手共度一生!

　　那么,为什么你没有这么幸运呢?你不快乐,你穷困潦倒,你孤单一人!那是因为,你总是抱怨生活,你觉得生活对你不公,你的思维总是告诉自己,"我的一生注定穷困,注定孤单!"不是上帝对你不公,不是上帝在为难你,而是你自己在用你消极的思想为难上帝!这让上帝如何帮得了你!能够帮助你自己,解救你自己的,没有别人,只有你自己!对生活多一些接纳,少一些挑剔,多多发现自己和他人的优点,你会发现原来生活是这么的美好!

　　有一个人觉得自己过得非常不幸福,他便向一位德高望重的老人求教。老人告诉他:"你不幸福,那么你的内心必

第四章　放飞心灵

然有不幸福的因子！说说看，你为什么过得不幸福！"

那个人说："我研究生毕业，可是我的工资收入却很低，我只能住在不算宽敞的房子里！你看我身边那些没什么文化的人，居然各个腰包鼓鼓的！我觉得社会太不公平了！我堂堂一个研究生，只能拿这么一点收入，过这样的生活……而且，我妻子的脾气非常倔强，常常不听我的劝告……这所有的一切都让我感到自己不够幸福！"

老人听了，微笑着点点头，说道："你当前的收入足够养活你自己和你的全家，你也有自己的一所房子，稍微小了一点而已。是你对金钱和大房子的贪念，让你不感到不幸福！"

老人停了下，继续说道："身边没有文化的人发财了，你非常不服气，你觉得自己文化水平这么高，就应该有对应的高收入！可是谁说学历高工资就高，挣的钱就多呢！这不是必然的啊！"

"你的妻子不听你的劝告，你也不舒服！每个人都有自己的思想，有着自己对事情的看法和观点，你为什么非要让

他们的观点跟你一样呢？"

老人接着说道："你应该用快乐和满足的心态看待你所拥有的一切！你有自己的一份还算不错的工作，能够养得起全家；你们有属于自己的房子，不用像其他人那样住在租来的房子里或是根本没有房子可住；你的妻子虽然有些小脾气小任性，可是一家人很和谐！这所有的一切不都应该让你感到很幸福吗？一个人的幸福，并不取决于他拥有的财富，而是取决于他自己看待生活的态度！用积极乐观的态度看待周围的一切，努力地工作，认真地生活，相信你会是一个幸福的人！"

英国作家萨克雷说："生活就是一面镜子，你笑，它也笑；你哭，它也哭。"我们为什么不做一个微笑之人呢？将微笑带给自己，也带给身边的人！

第四章　放飞心灵

乐观

痛苦和挫折是我们人生的一部分,我们无法要求生活总是风和日丽,风平浪静,只有认清这一事实,我们才能更好地从生活的苦痛中走出来,发现生命的意义,走向生命的全新旅程。

尼采说:"人没有了痛苦便只有卑微的幸福!"生活如果没有痛苦陪伴,生命也将变得平庸。生命的旅程不仅仅是一马平川,还有坎坷,有挫折,这才是真实的生命状态。

生活中,面对痛苦,面对苦难,人们常常无法接受,抱怨生活带给他的痛苦,幻想生活总是能一帆风顺,恨不得将痛苦马上一脚踢开，好快快地奔向快乐。我们总是竭尽全力地避开痛苦的洪流，即使万一没有避开，也要蒙头横冲直撞过去。

痛苦和快乐是一对孪生兄弟，他们总是成双成对地出现。所以，不要总是逃避痛苦，痛苦和快乐一样，都是人生的必然，经历痛苦，才能享受甘甜。

一天，一只蚌对另一只蚌说："我痛苦极了，有一个圆圆的重重的东西在我体内。"另一只蚌听了，对他努努嘴，炫耀地说道："瞧我多么健全，我的体内什么也没有，一点也不痛苦。"一只螃蟹在旁边正好听到了他们的对话，螃蟹对那只健全的蚌说："你同伴痛苦，是因为它的体内有一颗珍贵无比的珍珠。你虽然没有痛苦，但最终你却什么也不会得到。"

痛苦和快乐是相辅相生的，经历了痛苦的煎熬，才能获得成功的令人快乐和幸福的果实，没有痛苦的快乐，必定是短暂而飘渺的。

苦尽甘来，乐极生悲，痛苦与快乐就像一对生死冤家，势不两立；又像双胞胎兄弟般亲密得形影不离。生活中，正

第四章　放飞心灵

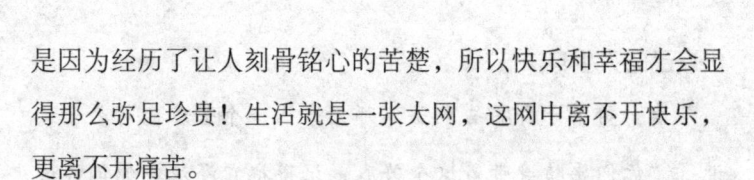

是因为经历了让人刻骨铭心的苦楚，所以快乐和幸福才会显得那么弥足珍贵！生活就是一张大网，这网中离不开快乐，更离不开痛苦。

人生不可能拥有永恒的快乐，所有痛苦、悲伤都是生命中不可缺少的一部分。所有痛苦和悲伤都有着他们存在的意义。在你兴奋至极，不知天南地北的时候，痛苦出来适时提醒你一下；在你痛苦、难过无法自持的时候，快乐又来将你滋润，生活就是痛苦和快乐的交织。

心理学家荣格说："有多少个白天，就有多少个黑夜，一年之中，黑夜与白天所占的时间一样长。没有黑暗就显不出欢乐时刻的光明；失去了悲伤，快乐也就无法存在了。"

可是，现实生活中，人们总是不明白这个道理。他们追求快乐，追求幸福，却不愿意面对痛苦，在痛快前面消沉，抱怨，堕落，甚至失去生活的勇气！

我们应该知道，没有什么是永恒的，痛苦和快乐也是如此。一味地沉迷于快乐中，会让我们迷失自我；而陷于痛苦中不可自拔，也只会让我们失去生活的方向！没有永远的痛苦，也没有永远的快乐，这才是一个智者的生存态度，认识到一点，我们才会在生活的路途中更加坦然地面对一切，活

出自己的人生！

　　有一群弟子即将去朝圣。师父拿出一个苦瓜，对弟子们说："你们要随身带着这个苦瓜，记得把它浸泡在你们经过的每一条圣河，并且把它带进你们所朝拜的圣殿，放在供桌上供养，并朝拜它。弟子朝圣走过许多圣河圣殿，并依照师父的教言去做。回来以后，他们把苦瓜交给师父，师父让他们把苦瓜煮熟，当作晚餐。晚餐的时候，师父吃了一口，然后语重心长地说道："奇怪啊！泡过这么多圣水，进过这么多圣殿，这苦瓜竟然没有变甜。"弟子听了，好几位立刻开悟了。

　　多么美妙动人的教化！苦瓜的本质是苦的，苦是它的真相，这一点并不会因圣水圣殿而改变；人生是苦的，修行是苦的，我们因情爱产生的生命本质也是苦的，这一点即使是圣人也不能改变的，何况是凡夫俗子。面对一件事情，我们的感受是痛苦还是快乐，完全在于我们的内心。达摩面壁，凡人都觉得他是在痛苦修行，而又有谁知道，达摩祖师修行中身体所承受的痛苦早已经完全化为心灵上的快乐，所以说，达摩祖师是丝毫没有感觉痛苦的。

第四章　放飞心灵

　　对待我们的生命也是这样，我们应该做好吃苦的准备，不要总是期待生活的痛苦能够立马过去，马上变为甘甜的快乐和幸福，立足当下，面对痛苦，接纳痛苦，我们唯有真正认识苦的滋味，才能更好地发现生活的真相，更好地从痛苦中解脱出来。

　　人这一辈子总是在生活的波涛中沉浮，会遇到波谷，也会遇到波峰，也正是如此，我们的生活才过得有滋有味，过得多彩，缺少了一样，生活都会变得没有意义。面对挫折和痛苦，不必难过，不要逃避，挫折是上帝给予我们的最好的礼物，人只有在痛苦中，才能更好地看清自己，被痛苦那"当头棒喝"打醒，从而更加智慧地面对生活！

　　痛苦和快乐总是相伴而行的，如果现在的痛苦，能带给你将来的幸福，为何不去接纳他，面对他呢？痛苦过后必定迎来崭新的快乐和幸福；如果现在的快乐，注定会在将来带给你痛苦和不幸，请果断地离开它，抛弃它吧！

　　毛泽东说："要想不经过艰难曲折，不付出极大努力，总是一帆风顺，容易得到成功，这种想法只是幻想。"

　　生活中，但凡伟大的成功都不可能在一天当中就能完成，通往成功的过程就是不断解决困惑，承受痛苦的煎熬，最后崛起的过程。梁启超说，患难困苦，是磨炼人格之最高学校。在这所学校里，我们将学到与以往任何时候都重要的课程，没有具体的老师，没有严格的考试，有的只是自己内心的感悟和总结。也就是在这所学校里，我们将发现不一样的自己，找到那个真正的自己。

孟子说："天将降大任于斯人也，必先苦其心志，劳其筋骨，饿其体肤，空乏其身。行弗乱其所为，所以动心忍性，增益其所不能。"通过苦难这条道路，人们发现了自己的潜力，开发了自己的潜能，拯救了自己的灵魂。

总之，痛苦是我们人生不可或缺的一部分，我们不能要求生活总是风和日丽，那是不现实，不可能的！没有了痛苦的伴随，快乐便也不会长久，从而也失去了存在的意义。痛苦和快乐相伴相生，这才是生活的全部。

第四章　放飞心灵

解除心灵的枷锁

　　记得上小学的时候有一篇课文叫作《小马过河》，一匹想过河的小马，因为没有经验不敢过河，于是问老牛和青蛙，老牛说水很浅，青蛙说水很深，于是小马不知道该怎么办，这时候小马的妈妈告诉它应该自己去尝试，于是小马自己试着过河了，原来水既没有老牛说的那么深，也没有青蛙说的那么浅。这个故事虽然简单，却引发了我们很多的思考，前进的道路上是什么阻碍我们，是天、地、人？还是打雷、刮风、下雨？这些外在的因素只是一时的，都会随着时间的推移发生变化，他们可能在一时一地对我们有着好的或是坏的影响，但不可能真正决定我们的人生。在我们人生的很多时刻，导致我们掉入失败深渊或是很多事情不敢尝试、害怕去做的主要原因还是在我们的内心。是我们内心深处精神的枷锁，我们思维的障碍墙，成为我们前进的真正阻碍。无法克服这个障碍，我们就无法迈出第一步，没有第一步的前进，就没有万里长征的胜利，即使心中有万千的想法，但是不去实践，永远也都是在纸上谈兵。

从前，有一户人家有一个很大的菜园，菜园里横着一块很大的石头，石头的宽度足有四十公分，高度有十来公分。每个到菜园的人，常常都会不小心踢到它，不是被它绊倒就是被擦伤。有一次，主人的小儿子问："爸爸，菜园里那块石头太讨厌了，为什么不把它挖走啊？"

爸爸听了，不紧不慢地回答说："你说那块石头啊？从你爷爷小的时候起，它就一直在那了。你看，它的体积那么大，想把它挖出来，可不知道要挖到什么时候呢，放着吧，挖它干吗？不如走路小心一点，还可以训练你的反应能力。"过了有十几年，这块大石头留到了下一代，当时的小儿子娶了媳妇，有了孩子，当了爸爸。

第四章　放飞心灵

有一天媳妇来到爸爸跟前,气愤地说:"爸爸,菜园那的块大石头,绊倒我好几次了,我越看越不顺眼,改天请人搬走好了。"

爸爸听了,回答说:"你说那块大石头啊?算了吧!很重的,可以搬走的话在我小时候就搬走了,哪会让它留到现在啊?"

媳妇听了非常不服气,"老是绊倒我,我非得把它搬走!"

第二天早上,媳妇带着锄头和一桶水,将整桶水倒在大石头的四周,然后用锄头把大石头四周的泥土搅松。

十几分钟过后,石头已经从土里出来了一大半。媳妇又挖了一会,石头已经整个出来了。这块石头并非想象中埋得那么深,也没有想象中那么大。

这个故事中的媳妇难道比她丈夫和公公聪明吗?不见得,为什么她可以把这块石头移走,而他丈夫的祖祖辈辈却做不到呢?原因就是"这个石头太大,挖不出来"这个概念已经成为一个心理的顽石深深地烙在了她夫家的祖祖辈辈中,没有人尝试去改变这个传统,在这个心理的顽石面前,他们都投降了。对一块石头投降可能并不会对我们的生活造成多么大的影响，但是在人生的道路上，要是无法解除这样的顽石，就可能会影响甚至改变一个人的命运。命运掌握在我们自己的手里，别人的建议可以参考，但最终还是要靠自己去解决问题，就像小马一样，不去尝试，可能永远也过不了生命中阻碍你前进的那条河。

生活在于尝试，不要让自己心灵的枷锁锁住了自己的内心，阻碍了自己看世界的视角，打开心灵的枷锁，看到的将是明亮的天空。当你能够走出自己被锁住的心灵之门的时候，你会发现，原来很多事情并非我们想象的那么困难，真正让我们无法前进的不是眼前的困难真的很大，无法克服，而是我们的心灵的枷锁锁的太深，而我们从来没想过去把他打开。

有一个年轻人，刚刚经历了生活的打击，便自己到乡下去散心。走到一个村子口，他看到一位老伯伯把一头大水牛拴在一个小小的木桩上。他就走上前，对老伯伯说："伯伯，这样水牛会跑掉的。"老伯伯听后，十分肯定地回答说："不会，它不会跑掉的，从来就是这样的。"年轻人有些迷惑，忍不住又问："为什么不会呢？木桩这么小，牛只要稍稍用点力，不就拔出来了吗？"

第四章　放飞心灵

老伯伯听了，笑着走近他，压低声音："小伙子，我告诉你，当这头牛还是小牛的时候，就给拴在这个木桩上了。刚开始，它不是那么老实待着，有时撒野想从木桩上挣脱，但是，那时它的力气小，折腾了一阵子还是在原地打转，见没法子，它就蔫了。后来，它长大了，却再也没有心思跟这个木桩斗了。有一次，我拿着草料来喂它，故意把草料放在它脖子伸不到的地方，我想它肯定会挣脱木桩去吃草的。可是，它没有，只是叫了两声，就站在原地呆呆地望着草料了。你说，有意思吗？"

年轻人忽然明白了，原来，拴住这头牛的并不是那个小小的木桩，而是它自己内心用惯性设置的精神枷锁。其实，只要他挣脱自己内心的枷锁，能够尝试一下，稍微用一点点力，自己就获得自由了。可是，它思维的惯性已经将它局限在那，他连尝试的点点想法都没有，认定自己无法摆脱木桩的束缚。

生活中，很多人不也是这样子吗？有自己的伟大志向，希望做出自己的事业，可是却被内心的胆怯和自卑所束缚，不敢尝试，不敢行动，害怕失败，甚至已经认定自己不会成功！阻碍他们向前的不也正是他们自己设置的心灵枷锁吗？

其实，仔细回头想一想我们就会发现，生活中，阻碍我们成功的并非外界的障碍，和自我设置的心灵枷锁比起来，那些障碍根本不算什么，根本阻碍不了我们前进的步伐！真正阻碍我们成功，使得我们对前方望而却步的正是我们自己设置的心灵的枷锁，打开心灵的枷锁，我们才能走出来，看见外面灿烂的天空！也只有这样，我们才能不畏艰辛勇往直前，成就自己的事业！

有一个非常有名的魔术大师有着一手开锁的绝活，无论多么复杂的锁，只要交给他，他都能在很短的时间内打开，从来没有失败过。为此，他向世人发出挑战：在一个小时之内，他可以从任何的锁中逃脱。条件是，他需要一个安静的环境，不许别人打扰和观看。

有一个人听说了这位大师，他决定会一会他，给他一点难堪。他找人打造了一个坚固的铁牢，特制了一把看上去非常复杂的锁，将这位魔术大师请来。

大师毫不犹豫地接受了这个人的挑战。他走进铁牢中，牢门立刻被就关上了。按照规则，所有人都迅速走远。大师

第四章 放飞心灵

拿出工具，开始工作。十几分钟过去了，大师专注地研究着这把锁；30分钟过去了，大师用自己的耳朵紧紧贴着锁，还在专注地寻找着锁孔；45分钟过去了，锁依然没有反应；一个小时的时间到了，大师头上冒出了汗珠；两个小时过去了，大师还是没有听到期待中的锁簧弹开的声音。这时候，他心中意志的大厦终于坍塌！他无力地将身体靠在门上坐下来，而门却缓缓地打开了。原来，这个铁牢根本就没有上锁，那把看上去很复杂的锁只是挂在那里，装装样子。

一把没有锁的铁牢将大师关住了，锁住了大师的心灵之门。长期以来的开锁经验，让他认为："只要是锁，就一定是锁上的。"带着这样的思维定势去开锁，所以他失败了。一把没有上锁的门，是无论如何也无法开锁的。

在我们的心灵世界中，是不是也有很多这样的锁锁住了我们的心灵之门呢？于是我们的创意被搁置，"提交的方案完全不被采纳，以后再也不操心了"；我们向困难低头，"不可能完成""困难了，无法逾越"；我们甚至开始怨天尤人，"上天待我真不公平！"于是，我们"不能做"的事情就越多，人生的道路也越走越窄。这一切的根源在哪呢？

在于我们的内心。心中的锁锁住了我们看向世界的视野之门，我们因循守旧，不肯改变，我们害怕失败，不敢尝试，我们用惯性思维思考面前的一切，总是在我们的老路上行走、绕弯。

生活不是一条直线，也并非一成不变，在生活的挑战面前，我们应该打破心灵的枷锁，挣脱心灵的束缚，这样才能不至于禁锢了自己，阻碍了自己追寻幸福和快乐的脚步，阻碍自己打造成功事业的步伐。因为生活中，很多时候，真正阻碍我们去发现，去创造，去走向新的领域，开创新的生活的，并非是那些外在的障碍，而仅仅是我们思想上的障碍，我们心灵的枷锁。

或许，你的心灵也需要来一场革命，将你心灵的枷锁敲开，这样你才能挣脱自己旧有思维的捆绑，勇敢地走出来，改变当前的环境，投入一个新的领域，发挥出自己的最大潜力，取得成功！

第四章 放飞心灵

读懂一个人的内心

给自己打开一扇窗，我们就会发现这个世界非常美好，如果我们把自己的窗紧紧地封闭着，我们就会感到孤独恐惧，就不会得到发展。但是，在我们的现实生活中，最难看清的就是一个人的内心。

孔子说："人心比山川还要险恶，知人比知天还难。天还有春夏秋冬和早晚，可人呢，表面看上去一个个都好像很老实，但内心世界却包裹得严严实实，深藏不露，谁又能究其底里呢！有的人外貌温厚和善，行为却骄横傲慢，非利不干；有的貌似长者，其实是个小人；有的外貌圆滑，内心刚直；有的看似坚贞，实际上疲沓散漫；有的看上去泰然自若，迟迟慢慢，可他的内心却总是焦躁不安。"

姜太公也说过："人有看似庄重而实际上不正派的；有看似温柔敦厚却做盗贼的；有外表对你恭恭敬敬，可心里却在诅咒你，对你十分蔑视的；有貌似专心致志其实心猿意马的；有表面风风火火，好像是忙得不可开交，实际上一事无成的；有看上去拖拖拉拉，但办事却有实效的；有貌似狠毒而内心怯懦的；有自己迷迷糊糊，反而看不起别人的。有的人无所不能，无所不通，天下人却看不起他，只有圣人非常推重他。一般人不能真正了解，只有非常有见识的人，才会看清其真相。"

凡此种种，都是人的外貌和内心不统一的复杂现象。而这种现象往往也就会给我们带来巨大的错误，严重的还会让人伤命。

扁鹊是我国春秋时期的一位名医。一次他去拜见蔡桓公，站了一会儿，扁鹊说："您有病在表皮，不治恐怕要加深。"蔡桓公说："我没病。"扁鹊只好退出。蔡桓公对左右的人说，医生喜欢为无病的人治病，当作自己的功劳。过了10天，扁鹊又拜见蔡桓公说："你的病已到了肌肤，不治

第四章 放飞心灵

将更深。"蔡桓公不理他。扁鹊叹气而出。又过了10天,扁鹊又来提醒蔡桓公:"病已经到了肠胃了,不治将会很危险。"蔡桓公不听,还很不高兴。又过了10天,扁鹊见了蔡桓公,什么话也没说,拔腿就走。蔡桓公很奇怪,派人问扁鹊怎么回事。扁鹊说:"病在表皮,热敷就可治;在肌肤,扎针可治;在肠胃,药剂可治;现在病已深入到骨髓,就无法医治了。"

过了五天,蔡桓公的病开始发作,身体疼痛,赶紧派人去找扁鹊,扁鹊已经逃往秦国了。

就这样,蔡桓公讳疾忌医,终于送了自己的命。

所以,一个人的内心世界决定了他的人生。自以为是的人头脑容易发热,他们往往充满梦想,只相信自己的能力和才干,从来就没有相信过别人的劝诫,这样的人,就像蔡桓公一样,认为别人的劝戒是在为他们表功,认为采纳了别人的意见就等于是对自己的否定和贬低。这些人迟早是要吃亏的,他们的固执己见恰恰证明了他们并不是真正的强者,正因为心虚,他们才不愿服输。而那些懂得做人之道的人,他们会有一颗安定的心,他们能够在社会群体中摆正自己的位置，他们认为他们的烦恼来自于内心的不安和狂热。他们认为如果一个人妄自尊大，把谁都不放在眼里，一切皆以自我为中心，那么他一定会一天到晚都被烦恼重重包围着。对于这样的人他的生活就会受到束缚。其实越是伟大的人越是谦虚，人们也越会尊重他、敬重他。

相信自己，绝不放弃自己作为一个独特的、重要的个人具有内在的充实感，希望才能降临我们的身旁。换言之，只有全身心地投入生活，才能获得希望。除此，没有他途！这里，也没有什么神秘可言，只要我们下定决心排除外界的干扰，对可能遇到的困难和风险有充分的心理准备，就完全可以改变自己的生活，在行动中发现自己生存的目的和意义。

第四章　放飞心灵

平常心

在这个充满物欲的社会里，我们要面临的诱惑实在是太多。我们经常被周围人的建议和周围人发生的事情所左右，使自己的心浮躁起来，改变自己原有的想法，不能用自己的平常活出真实的自己。

猴子攒了些钱，准备盖新房子。新房子的地基刚刚打好，正碰上大象区长来检查工作。它看了猴子新房的地基后，向猴子提了个建议："这房子太小了，要盖，就盖座大房子，多宽敞，多气派。"猴子心想，大象区长说得没错，就把地基扩大了几倍。

在猴子的新房快要封顶的时候,长颈鹿市长下来视察工作,看到了猴子的新房,长颈鹿市长发表了自己的看法:"房子大而矮,不雄伟,有损本市市容!"

猴子听了,觉得不能造座有损市容的房子,咬咬牙,又把房子加了几层。

猴子的新房造好了,又高又大,很气派,可猴子却一点儿也高兴不起来,反倒是整天愁眉苦脸的。原来,猴子造房子不但花光了所有的积蓄,还欠了一屁股的债。造了这样一座只适合长颈鹿和大象住的房子。

猴子在别人的看法和建议中失去了平常心,建造了一所不适合自己住的房子。失去了平常心,无论别人的看法是适合还是不适合的建议,我们就会在周围人的看法中迷失自己的方向。我们要在诸多建议中,以一颗平常心对待,我们才能在诸多的建议中找到自己正确的位子,活出真实的自己。

平常心是一种"不以物喜,不以己悲"的心境,更是面对周围人和事时的"宠辱不惊,去留无意"的胸怀。平常心也是大师们所说"本来无一物,何处染尘埃"的超脱世外之物,活出真实自我的一种境界。它不是然人们消极遁世,

第四章　放飞心灵

相反，它是让人们用一种积极的心态，以平常心观不平常的事，这样则事事平常，无时不乐也无时无忧。平常心就是享受生活中的平凡和简单，把心态放平稳，不要被外界的动乱干扰，就是拥有一颗真正的平常心。

有个信徒问慧海禅师："您是有名的禅师，有什么与众不同的地方？"

慧海禅师答："有。"

信徒问："是什么呢？"

慧海禅师答："我感觉饿的时候就吃饭，感觉疲倦的时候就睡觉。"

"这算什么与众不同的地方，每个人都是这样的，有什么区别呢？"

慧海禅师答："当然是不一样的！"

"为什么不一样呢？"信徒又问。

慧海禅师说："他们吃饭的时候总是想着别的事情，不专心吃饭；他们睡觉时也总是做梦，睡不安稳。而我吃饭就是吃饭，什么也不想；我睡觉的时候从来不做梦，所以睡得安稳。这就是我与众不同的地方。"

慧海禅师继续说道:"世人很难做到一心一用,他们在利害中穿梭,困于浮华的宠辱,产生了'种种思量'和'千般妄想'。他们在生命的表层停留不前,这是他们生命中最大的障碍,他们因此而迷失了自己,丧失了'平常心'。要知道,只有将心灵融入世界,用心去感受生命,才能活出真实的自己,找到生命的真谛。"

经常在报纸上看到类似的这样的报告:某某购买彩票中奖,然后挥霍无度或是染上毒瘾,最后破产,导致精神失常。原本一个好好的平常人,在得到了巨额金钱后,就失去了平常心。但他破产再次回到从前时,由于已经没有了以前生活时的平常心,使他精神出了问题。中奖本来是一件好事,那些中奖后还能保持平常心的人,会正确的看待这件事,用这笔钱做点自己想做的事,实现自己的理想和抱负。

人们常常把聪明和成功联系在一起,但有时失败确实因为他们太聪明而不是太笨,就是人们常说的:"聪明反被聪明误"。因为那些才智出众的人往往比一般人想得多,思想也会很复杂,心理对成功的欲望也会比一般人更加强烈,当受到一些名利的诱惑时,他们比一般人更容易失去平常心,他们往往把自己迷失在外在的诱惑中,失去了自我。其实,

第四章　放飞心灵

　　这些人都不是有大智慧的人，只是有些小聪明罢了。真正聪明的人是有着"真味以淡，至人如常"的处世智慧，知道平平淡淡才是福，拥有一个平常心，活出真实的自我的人。

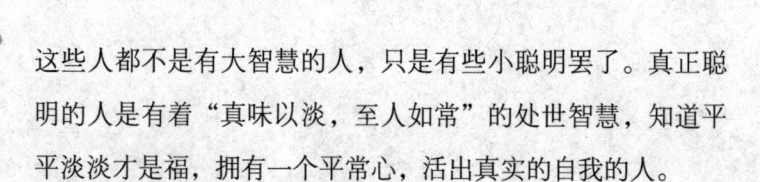

　　用平常心活出真实的自己是对生命透彻的领悟。领悟了生命的真谛，你就会以一个宁静的心态善待一切，在自己富贵时不挥霍不奢侈，贫穷时能守得住寂寞，守得住节操；成功时不得意忘形，继续谦虚谨慎、勤奋努力，失败时不消极颓废，依然不屈不挠，奋发进取。用平常心活出真实的自己要求我们从生命的本质出发，用心呵护生命，悉心体验生活，不被他们的看法所影响。

　　生活还是我们自己的生活，唯有自己才是自己生命中的主宰，他人他言只能是一种参考而不能左右我们，专注自己的生活，活出真实的自己，要知道，每个人都是这个世界上一朵迥异的奇葩。

清除内心的阴霾

曾有位名人说:"当你的心中装满了阴霾,你的世界也就会随之变得忧郁起来,处处变得暗淡无光;如果你摒弃怯懦,使自己内心充满光亮,那么,你脚下的路也会渐渐地明亮起来。"

有两个小兄弟,四五岁的年纪,家里卧室的窗户常年密闭着,他们觉得屋内太阴暗,十分羡慕外面灿烂的阳光。于是,兄弟俩就商量说:"我们可以一起把外面的阳光扫一点进来。"于是,兄弟两人拿着扫帚和畚箕,就到阳台上去扫阳光。等到他们把畚箕搬到房间里的时候,里面的阳光就

第四章　放飞心灵

没有了。这样一而再再而三地扫了许多次，屋内还是一点阳光都没有。正在厨房忙碌的妈妈看见他们奇怪的举动，就问道："你们在做什么？"兄弟俩齐声回答说："房间太暗了，我们要扫点阳光进来。"听后，妈妈笑道："只要把窗户打开，阳光自然会进来，何必去扫呢？"

是啊，打开窗户，阳光不就进来了！同样，在生活中，打开我们心灵的封闭之门，成功的阳光也会照进我们的人生，将失败的阴暗驱散！

每天清晨，我们打开卧室的窗户，阳光就会进来，预示着新的一天的开始，这是我们日常生活中最平常不过的事情了，可是在我们心灵深处，我们是否紧紧关闭着心灵的窗户，无法享受到阳光的照耀呢？每个人的心灵中又有多少角落，充满着阴霾的瘴气，就好比常年不见阳光的古墓一样，那里往往被人们看做是死角，不愿去触碰，去翻阅，因为碰到它，就意味着失望、悔恨，焦虑等等的负面情绪，但是往往就是这些角落，成为我们人生前进道路上的绊脚石，我们无法绕过，甚至它还会魂牵梦绕般地缠绕我们，使我们无法摆脱。

每个人都想去解开这些结，尝试着用无数的逻辑推理

去证明其不存在或是错误的,又或是借助外部环境的力量去改变其状态,就好像这两个兄弟一样,不断地将外面的阳光扫进来,这样的努力都是事半功倍,甚至是徒劳无功的。其实,解铃还须系铃人,内心中形成的这些阴霾需要内心的改变来扫清,但是我们一般都不太愿意去做这样的尝试,那意味着要面对这一切,其实大可不必如此紧张,在这些只有我们自己知道的内心领域中,我们所要做的只是放松自己,轻轻地拨开一扇小窗户,让一缕阳光慢慢地流淌进来,渐渐地这片阴湿的沼泽地就会重新焕发活力,找回昔日的自信和希望。

一个小女孩趴在窗台上,看窗外的人正埋葬她心爱的小狗,不禁泪流满面,悲恸不已。她的外祖父见状,连忙引她到另一个窗口,让她欣赏他的玫瑰花园。果然小女孩的心情顿时明朗。老人托起外孙女的下巴说:"孩子,你开错了窗户。"

是啊,我们的生活有多扇窗,你打开失败旁边的窗户,你看到的也许就是希望!

人类意识的存在可以让我们明白是非,选择出有利于我们的一面,但是我们所看到的画面直接作用于我们的潜意识的时候,我们的反应是当下和直观的,它绕开了我们的意

第四章 放飞心灵

识,没有经过思考和判断,如果这些画面是消极、失望的,就会使我们的内心陷入悲观。

小女孩看见了狗狗死亡被埋葬,于是悲伤的情绪笼罩心头,如果我们在前进的道路上看到的都是"坟墓",那么我们就会失去前进的动力,失败也就离我们不远了。很多时候,生活中"坟墓"的存在是事实,我们无法改变,但是我们成熟的意识能力可以让我们做出选择,去看那让人赏心悦目的玫瑰花园,心情的开朗定会让我们感受到希望,重新燃起前进的动力。因此,当我们被失败的情绪困扰时,不要忘记我们身边的玫瑰花园。

生活是不可预测的,失败和挫折都在所难免,不幸的事情发生了,我们要做的不是沉浸在苦痛中不可自拔,或是刨根究底,像祥林嫂一样不断询问为什么这么糟糕的事情一定要发生在我的身上?这样做没有任何的意义,只会加重我们内心的苦痛。不幸发生了,我们要做的是把注意力集中在如何解决之道上,更好地跨过眼前的坎才是上策!

一位老祖父有着精湛的手艺,他用纸做了一条长龙给他的孙子,长龙腹腔的空隙不是很大,仅仅能容纳几只蝗虫。于是,小孙子捉来几只蝗虫投放进去,可它们却都在里面死了，没有一个幸免于难！孙子着急地跑去告诉祖父，祖父听了，缓缓说道："蝗虫性子太躁，除了挣扎，它们没想过用嘴巴去咬破长龙，也不知道一直向前可以从另一端爬出来。因而，尽管它有铁钳般的嘴壳和锯齿一般的大腿，也无济于事。"于是，祖父跟小男孩说："去捉几条青虫来！"小孙子颠颠跑去一会的功夫捧着几条大小差不多的小虫进来，祖父把青虫从龙头放进去，然后关上龙头，小孙子眼睛一动不动地看着，这时候，奇迹出现了：仅仅几分钟，小青虫们就一一地从龙尾爬了出来。

很多时候，我们无法走出内心的阴霾，并非是生活对我们的打击过于重大，或是个人的力量太过渺小，而是我们自己把自己困在其中，不肯出来。我们的命运一直掌握在我们自己的手中，就像故事中的青虫，只要将阴霾的纸龙咬破，慢慢地找准一个方向，昂起头，一步步地向前，洞口就在前方，阳光就会出现在我们的面前！

生活难免会有挫折，生活中我们难免会犯错，不管怎样的挫折造成了多大的失败，不管自己怎样的错误造成了如何的损失，我们都应该将心中的阴霾扫落，开始重新的生活！

第四章 放飞心灵

不要让人类精神后院的污秽、黑暗和罪恶的阴霾将自己笼罩，让自己内心--时对生活的顺应不良，激活那埋藏在我们潜意识深层的阴影。要知道，犯错在所难免，我们要懂得和自己的内心和解。生活中，一件事情对我们的影响如何，关键在于我们自己的心态，自己是如何看待和评价它的。如果你觉得它不重要，它不能将你打败，那么，它就真的不那么重要，而你，也将从失败的阴霾中走出来，露出阳光般的笑脸，获得快乐的心境！著名思想家迪斯累里不是说过："重要的事情并非重要到不能再重要；不重要的事情也并非就像看上去那么不重要。"没错，所有外在的一切都在于我们的内心。

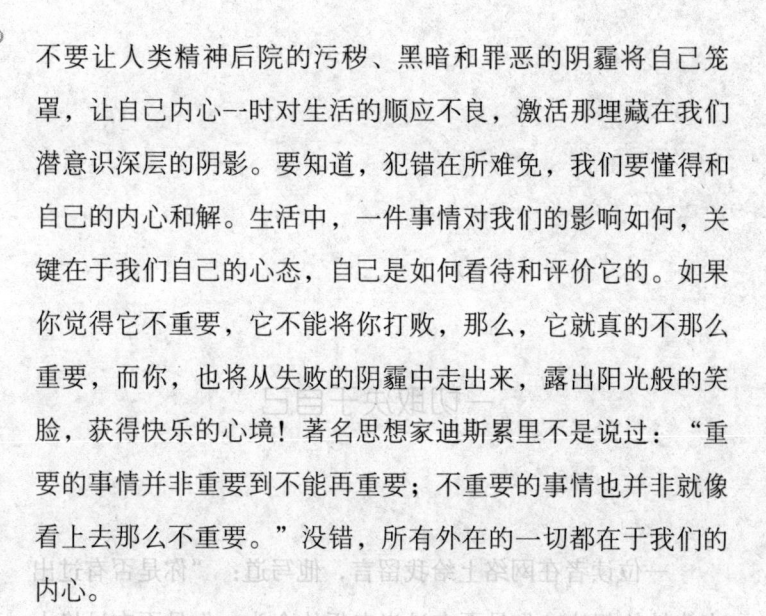

扫清内心的阴霾，让阳光照射进来，这个世界上，除了你自己，没有人能够让你失望！

一切取决于自己

一位读者在网络上给我留言，他写道："你是否有过出人头地的想法？你是否有过当老板的念头？你是否有过挣大钱的想法？你是否有过像李嘉诚一样富裕的渴望？你是否有过像名人一样风光的愿望？可是为什么我们迟迟不能到达成功的顶峰？为什么我们总是走在别人的后面？为什么我们胸怀着远大的理想却一直还没有成功？"

这些问题你是否仔细地思考过，不要说我们缺乏的东西太多，例如机会，例如资本，例如关系……成功能否来到，不只是局限于这些外在的条件，而在于你的本身，没有什么

第四章 放飞心灵

力量可以取代你自身，只有你是你命运的主人。

你能吃下一头大象吗？如果有人这样问你，你一定会说："那怎么可能呢。"

然而，一次一口，你就能吃下一头大象了，不是吗？因此，让我们立下"吃下大象"的宏愿，然后，在一张纸上写下你每年需要达到的目标，如果你可以按部就班地去做，做到"计划、坚持、执行"，那么总有一天，我们便会吃下一头大象。

只要你相信你能，你就一定能，谁能断定我们不能呢？没有人能说我们不能，除非我们自己放弃了自己。

事实上，成功者需要具备的品质和素质很多，其中最重要的莫过于自信和自立，二者均能体现一个人对自己的坚定信念。信念坚定的人，潜意识会具有巨大的能量，他们能够将这种力量置于自己的控制下，充分发挥出有意识的思维。而且，他还能激发与自己共事之人的能量。自信和自立的人，注定是天生的成功者。

苏联作家马克西姆·高尔基曾有过这样的表述："只有满怀自信的人，才能在任何地方都怀有自信，沉浸在生活当中，并实现自己的意志。"

有一项针对人类世界的研究，揭示了这样一个事实：那些最终获得成功的人，那些实现了自己远大抱负的人，那些在人生中颇有建树的人，那些在内心抱有坚定信念的人，都相信自己能修成正果。这些人绝不会因暂时的失败而退却，失败对他们而言是短暂的，它们最后都会变成成功的阶梯。这些人才是命运的真正的主宰，是灵魂之船的船长。这些人从来不会被真正打败，他们就像皮球，受到打击之后，反而弹得更高。他们信念坚定不移，信仰不可动摇，所以总能成为胜利者。只有当一个人失去了自信时，他才可能被真正击败。

这正如法国启蒙思想家、文学家让·雅克·卢梭所说的那样："自信力对于事业简直是一个奇迹。有了它，你的才干就可以取之不尽，用之不竭；一个没有自信的人，无论他有多大的才能，也不会抓住一个机会。"成功的人总是表现出超强的自信心，在他们身上我们可以看到他们对自我的一种肯定，那是一种无坚不摧的力量，是任何挫折都无法打垮的坚固基石。在这种自信心的驱动下，他们敢于不断向困难挑战，并鼓励自己不断努力，从而获得成功。

研究表明，人生的失败者有两类。第一类人从未有过坚定的信心，从未树立过自信；第二类人遇到机会时，丧失信

第四章　放飞心灵

心，不能自立。

　　没有坚定信念、不自信的人，会被人一眼看出来他们缺乏成功者的素质。只要和他们交往，就会强烈地感觉到他们的怯懦。久而久之，周围的人就对这类人不再抱有信心，他们自然也不可能取得成功。

　　成功者迥然不同，他们既自信，又自立。只要你能够做到这两点，你就会登上成功的巅峰。我们常常看到，成功人士都曾遭遇过挫折和坎坷，在开始创业之时，他们可谓历尽艰辛，有些人甚至到了晚年，还要经受严峻的考验。然而，所有这一切都阻止不了他们，更无法削弱他们的坚强意志。他们跌倒了，马上爬起来，对命运永远坚定而执着。正如亨利先生所言："尽管我头破血流，但我绝不言败"。命运永远无法击败这样的人。命运女神会认识到这是"真正的男人"，她会垂青于他，处处为他提供无私的帮助。

　　人的一生中会遇到各种各样的坎坷，不同的人面对坎坷有不同的看法，有人说坎坷是磨难，有人说坎坷都是路，而我赞成后者。如果说走路是一种本能的动作，那么开路则是一种创新的行为。也就是说，在坎坷面前能不能找到属于自己的一条路，完全在于个人的内心领悟和实际本领。只要你

不灰心丧气、只要你不轻言放弃，人生的路一定会越走越宽！

当你找到内在的自我时，你就能够认识到，它是你的信念和目标的来源。信念和期望曾引无数英雄竞折腰，让他们沿着理想的道路执着地追求、充满信心地期待、坚持不懈地努力，最终登上成功的顶峰。正是这个内在的自我，让不计其数的人们发挥自身潜能，成为成功者，接受万民的仰慕。它让你的精神不受约束，让你的意志坚不可摧，它直指你心灵的空间，让你具有惊人的能量。

许多世纪以来，成功者都告诉我们，这种内在的自我，这种"自我"的信念，能够让人从逆境中崛起，克服一切困难，最终摘取成功殿堂上的桂冠。前人发现了这个真理，并将它传递给后人。这是一种信念，一种精神力量，一旦你能信任并利用这种力量，你就能够逢凶化吉，扭转乾坤。

你的内在自我，是伟大的精神的一缕光芒，是伟大的精神火焰的一个火花，是无限精神力量的一个焦点。

坚信你的内在的自我，它有助于你发挥才能。它可以让你的思维敏捷；让你的情感能量控制自如，并有效地让你的想象力更有创造性，更好地服务于你；让你掌控自己的意志力；发掘你潜意识的能量；它可以开阔你的眼界，丰富你的

第四章 放飞心灵

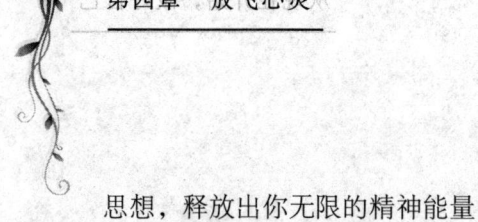

思想，释放出你无限的精神能量；它可以让内心吸引定律顺利发挥作用，为你实现远大理想提供帮助。另外，它还能清除你和自身对话的障碍。

所以，去发现你的内在自我，对它抱着坚定的信念，并充满信心地期望成功，这个过程，将会使你受益无穷。

威尔逊说："要有坚强的自信，然后全力以赴——如果能具备这种良好的心态，无论任何事情，十之八九都能成功。"

那些被很多人认为困难的事情，往往都是由自信心十足的人完成的，没有自信的人在困难面前只能半途而废，一无所成，如果你有了强大的自信，成功离你也就近了。

知道自己想要什么

一个人到了不知道自己想要什么的时候是最可悲的。你心里那个真实的声音往往会告诉你想要什么,我想这一点应该没有人可以怀疑。关键是你是否敢于为自己心中的那个梦坚持到底,必要时放弃一切。当然,这个梦必须是正当的。

一个朋友曾讲过她的故事:

她有一个梦,希望有一天她可以有自己的一家公司,并且可以做到让自己的员工很开心很安心地与公司共命运。于是大学毕业后在小县城工作了不到一年就到了北京,她希望自己可以在这个城市里找到自己的位子,吸收自己需要的营

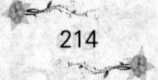

第四章　放飞心灵

养。为了让自己能够更快地成长,她选择了做业务。她不是不知道自己即将面临的困难,因为她知道她的性格中有许多人性中的缺点。做业务将会使自己经历一次蜕变。在整个过程中,她会像一只珠蚌孕育一粒珍珠那样,让自己经受别人无法承受的磨难,更可怕的是放入沙子的人是自己而不是别人。但为了珍珠的形成,她无怨无悔。

在做业务的过程中,她经受了长大以后从未经历过的人生苦难,她曾顶着北京火辣的太阳在大街上跑。因为鞋子不合脚,又没钱买新鞋子,没跑几天,她的脚底就满是水泡,而且两只脚的食指都没有了指甲。她身上也长了痱子,太阳一晒,难受得她只想哭。更让她感到难受的是一向内向而自尊心特强的她不得不忍受着别人的冷眼和出言不逊。最糟糕的是她没有出成绩,到最后连吃饭都成了问题。当她给父母打电话时,她不敢和父母说自己受的苦,只是说自己一切都好。春节回家后,她没有给家里带一分钱,父母虽没有说什么,但她的心里很不是滋味。亲戚们看她两手空空地回家,都劝她不要再出去了,在家乡当老师是多好的一件事——言语中流露的是对她的怀疑和不屑。可是她知道，真实的自己不是一个愿意庸庸碌碌活着的人。春节过后，她又返回了北京，临走时，母亲让她从家里拿点钱，她拒绝了。因为她曾在心里发誓，大学毕业后，一切都要靠自己，决不再向家里要钱。就这样，她再一次带着家人的牵挂开始了北漂的生活。现在她终于走上了稳定的发展道路，从她的言谈中，我看到了她真实而坚定的一面。我相信她会有自己的事业，会成为一个优秀的职业经理人。

一个人必须知道自己想要什么，因为人生的成败完全系于自己，自己都不知道自己想要什么的人，如何去抓住适合自己的东西？面对真实的自己时，你必须要清楚你是谁，你想要什么，你该如何走自己的路，你如何面对别人的评论……

每个人的命运都掌握在自己手里，能够有成就的人，首先是因为他们深知自己想要什么，并通过什么途径可以得到。他们不会在乎别人的品评，自己经受的苦难，只会把自己的目标作为自己前进的动力。我国南朝有名的唯物主义哲学家和无神论者范缜的《神灭论》出版后，朝野哗然，于是

第四章 放飞心灵

萧子良召集一些文人和高僧与他辩论,都不能取胜。于是萧子良就派王融去对他说:"《神灭论》的观点是错误的,你坚持这样的观点也会对自己不利,像你这样的才能还怕做不到中书郎那样的高官吗?你何必坚持?还是放弃这样的说法吧。"范缜大笑说:"假如范缜卖论取官,早就做到尚书或左、右仆射了,岂止做一个中书郎呢?"我们活在世上要为自己活出点自己的个性和特色,要明确自己的目标和追求。伽利略可以为了自己的观点付出生命的代价,文天祥可以为民族尊严付出生命的代价。原意为自己的追求付出巨大代价的仁人志士大有人在,与他们比起来,我们为自己的追求所付出的又能算得了什么?

我们是有自己独立思维能力的人,世界上可供我们选择的东西也很多,认清自己的真实需要,在各种选择中正确发挥自己的主观能动性,将是我们成就自己的最佳选择。

做自己思想的主人

许多人都懂得要做思想的主人这个道理，但遇到具体问题时就总是知难而退："控制情绪实在是太难了"，言下之意就是："我是无法控制情绪的"。别小看这些自我否定的话，这是一种严重的不良暗示，它真的可以毁灭你的意志，丧失战胜自我的决心。

工作在人的一生中不但占据着重要位置，而且占有很多时间。如何看待工作，这是每个人必须要面对的问题，而对这个问题的认识和处理是否得当，将对一个人的人生产生重大影响。从我们踏入社会做第一份工作起，每天有三分之一

第四章　放飞心灵

时间在工作，一直到退休，大概有35年时间，有些人甚至时间更长。如果以平均寿命70岁计算，35年占到了整个生命的一半时间，而且这35年是我们一生中最美好的年华，包括了最富激情、最具创造力的青春岁月和春华秋实、成熟练达的中年时光。

一个人的工作动力，取决于他是否具有有效性，以及他在工作中是否能有所成就。如果他的工作缺少有效性，那么他对做好工作和做出贡献的热情很快就会消退，他将成为朝九晚五在办公室消磨时间的人。

我国著名的物理学家华罗庚教授是个勤奋的人，经常晚上思考，因为在寂静的晚上他的思维会更加活跃。有一天深夜，他去实验室拿东西，进去以后他看见有个学生仍在实验台前工作。

教授关心地问道："这么晚了，你在做什么？"

这位学生回答："我在工作。"

学生期望着教授对他勤奋表现的赞许。

可是教授接下来竟然问到："那你白天做什么了？"

"我也在工作啊！"学生不知道教授为何如此问他。

"那么，你整天都在工作吗？"

"是的，老师。"

而教授却顿了一下，说："你很勤奋，你的精神是可喜的。但我想提醒你的是，你有没有时间来思考呢？"

一句话说得这位学生顿时无语，良久，他才低下头喃喃地说："我只顾埋头苦干，却忘了思考才是更重要的。"

思考是行动的灯塔。思考就像播种，行动好比果实，播种愈勤，收获也愈丰。没有经过思考而进行的行动只能是鲁莽行事，而经过深思熟虑之后才进行的行动才是真正可行的举止。一次深思熟虑，胜过百次草率行动。一天周到的思考，胜过百天无谓的徒劳。而凡事不懂得思考的人往往会走弯路，甚至走向歧途，人失去了思考就如同水断了源头，最后就会枯竭。

爱因斯坦说："要善于思考、思考、再思考，我就是靠这个学习方法成为科学家的。"许多科学家之所以能够发明创造出新的东西，就在于他们懂得思考的重要性，并在实际行动中时时不忘记思考。

学习离不开思考，创造发明更是离不开思考，没有思考，世界就不会诞生爱迪生、爱因斯坦等伟大的发明家，世

第四章 放飞心灵

界也不会因他们的发明而走向更加文明发达的时代。

古希腊的佛里几亚国王葛第士在战车的轴辘上打了一串结，之后预言：谁能打开这个结，就可以征服亚洲。人们不知道国王到底有何用意，因此谁也不敢去打开，而且看那疙疙瘩瘩的结，人们都觉得很难打开。直到公元前334年，还没有一个人能够成功地将绳结打开。这时，亚历山大率军入侵小亚细亚，他听说有国王有一个绳结任何人都不曾打开，于是他来到葛第士绳结之前，看到这个结确实打得很不寻常，但是他转念一想，便有了办法，他拔剑砍断了绳结——国王没有说这样不算是打开了绳结。后来，他果然一举占领了比希腊大50倍的波斯帝国。

可以讲，许多有意义的构想和计划都是出自于思考，而且思考得越痛苦，收益就会越大。一个不善于思考难题的人，会遇到许多取舍不定的问题；相反，正确的思考能产生巨大作用，可以决定一个人应该采取什么样的行动。

思考，它使我们从迷茫中走出，它让我们在困境中寻找更好的解决方法，它使我们变得聪明起来，它教我们如何调整自己，如何趋利避害，如何发现机遇，找到出路，它使我

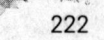

们减少行动的盲目性,使我们具有先见之明。因此每个人都要养成积极思考的习惯,因为,只有深思熟虑,才能胸有成竹。

有位记者曾经问比尔·盖茨:"你成为当今世界首富,你成功的秘诀是什么?"

比尔·盖茨明确地回答:"思考,时刻不忘记思考。"

第四章　放飞心灵

相信自己

　　相信自己，相信自我的力量，我们自身的潜能会被更大地开发出来，我们事业的路也会更宽更广。

　　美国盲聋女作家、教育家、慈善家、社会活动家海伦·凯勒一岁多的时候，患了猩红热，被残忍地夺去了视觉、听觉和语言能力。它看不到外面缤纷多彩的世界，听不到风虫鸟鸣，更无从表达她沉闷的内心。由于聋盲儿童没有获取正确信息的途径，她的智力十分低下，心灵之窗被禁锢，造成她性格乖戾，脾气暴躁。然而，她并没有放弃自

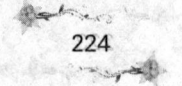

己，在其家庭教师莎莉文老师的帮助下，凭借自己惊人的毅力，不仅令自己恢复了正常人的思维，还创造了自己的人生的辉煌。她掌握了英、法、德等五国语言，完成了她的一系列著作，并致力于为残疾人造福，建立慈善机构，成为美国最受人尊敬的作家和教育家，被美国《时代周刊》评为美国十大英雄偶像，荣获"总统自由勋章"等奖项。

在海伦·凯勒那里，信心是命运的主宰，因此当有人问她："是什么让你这样坚持地走下去？"她说："因为我一直告诉自己，不管遇到多大的困难，只有自己才能拯救自己。"

在人生的万里长河中，不管遇到何种困难和挫折，真正能够拯救自己的，唯有自己！相信自己的力量，自信是一个人精神的桥梁，有了它，任何难以逾越的困难我们都能跨过！

海伦·凯勒曾经说过："我碰到了不可胜数的障碍，跌倒了，我一次次坚强地爬起来，每前进一步，自己的勇气就增加一分，我相信自己一定能到达那光辉的云端，碧天的深处——我希望的绝顶真理。"

如何建立自己的自信呢？

第一，为自己设定一个长远的目标，灌注强大的信念，用坚毅与行动来完成它。正如弗烈德利克·B.罗宾森所说："我相信强烈的目标,这种可以使人完成任何事情的诚恳精神,这种自我忠实,是使人的心灵成就的最大因素。"

第二,找出自己不自信的来源。是什么让你感到自卑?身材矮小,学历很低?将自己不自信的来源大胆地表达出来,说与自己信任的人,寻求帮助,找到问题的根源。

第三,用潜意识训练自己,告诉自己,自己是最棒的,自己是值得信任的,做自己最好的拉拉队。每天告诉自己:"我非常不错!"取得小成绩的时候,适时鼓励自己:"看,我做得真不错!"慢慢地坚持下去,你就会发现这些"小成功"会变得越来越有意义。我们在夸奖自己的时候,让尝试积极性的自己充满自己的语言,而不要说:"我做不到某事"这样带有消极情绪的语言。吸引力法则说,你生活中所有的事物都是你自己吸引来的,你将会拥有你心里想的最多的事物,你的生活,也将变成你心里最经常想象的样子。多用积极的语言给自己打气,潜意识中自己就是一个积极自信的人,长此以往,自己自信心定会大增。

第四,假装自信,学习那些拥有自信人的情绪,假装自己很自信。销售、谈判和演讲培训人鲍勃·埃瑟林顿说:

"通常你一开始确实需要假装自信。你要努力模仿那些胸有成竹的人的情绪。"他说:"假装自信的最佳之处在于它往往会演变成真正的自信。你在脑海中勾画自己想要获得的结果,运动员一直是这么做的——他们在脑海中看到球落入了篮筐里。即便你并非真的相信它,你的大脑也会留下印象,这会激发你的自信"。这也是吸引力法则的运用。

第五,正确对待别人的看法,不能因为在乎别人的意见而失去了自己的想法和主见,不要未经判断就盲目接受他人的立场。

第六,有自己的想法和主见。在与人交换意见的过程中,绝对不可以在原则问题上让步。

第七,充分表达自己的见解,展现自己优秀的一面。只有将自己的能力充分展现,才能看到自己具有多么大的影响力,从这种影响力中,你也就获得了足够的自信。

第八,与人沟通时,多用展现自我魄力的词语,"我要求""我决定"等;要主动和对方目光接触,向对方传达"我是个自信的人"的信息;表达意见时不让他人打断自己等。

马丁·路德说:"这世上的一切都借希望而完成。农夫不会播下一粒玉米,如果他不曾希望它长成种子;单身汉不会娶妻,如果他不曾希望有小孩;商人或手艺人不会工作,如果他

第四章　放飞心灵

不曾希望因此而有收益。"信心是迈向成功的金钥匙。一个人唯有相信自己的力量,才能将这种力量传与他人,才能成就个人伟大的事业。相信自己,从此时此刻做起!

第四章 放飞心灵

一个人不曾希望因此而获益。"情不是边向成功的金钥匙。
他有相信自己的力量，才能将这种力量传与他人，不能成就各个
人伟大的事业。相信自己，从此时此刻做起!